绿色丝绸之路资源环境承载力国别评价与适应策略

绿色丝绸之路：水资源承载力评价

贾绍凤 严家宝 吕爱锋 等 著

科学出版社

北京

内 容 简 介

本书面向绿色丝绸之路建设的重大国家战略需求，科学认识共建地区水资源量的分布特征和地域差异，定量揭示共建地区水资源量状况及国别差异，为国家更好地落实"一带一路"倡议提供基础支撑。开展各国现状水资源开发利用分析和水资源承载力评价，揭示不同国家的用耗水演变规律，有助于制定水资源承载能力增强调控策略和防范水资源安全风险。

本书可供从事水资源评价、水资源承载力评价的研究人员和管理人员参考，也可作为水资源管理、自然资源管理等专业方向的研究人员的参考书。

审图号：GS 京（2024）2572 号

图书在版编目（CIP）数据

绿色丝绸之路：水资源承载力评价/贾绍凤等著. —北京：科学出版社，2025.3
ISBN 978-7-03-075918-4

Ⅰ.①绿…　Ⅱ.①贾…　Ⅲ. ①丝绸之路–生态环境保护–研究　②水资源–承载力–研究　Ⅳ. ①X321.2

中国国家版本馆 CIP 数据核字(2023)第 112264 号

责任编辑：石　珺 / 责任校对：郝甜甜
责任印制：徐晓晨 / 封面设计：蓝正设计

科 学 出 版 社 出版
北京东黄城根北街 16 号
邮政编码：100717
http://www.sciencep.com
北京建宏印刷有限公司印刷
科学出版社发行　　各地新华书店经销
*
2025 年 3 月第　一　版　　开本：787×1092　1/16
2025 年 3 月第一次印刷　　印张：8 3/4
字数：207 000
定价：150.00 元
(如有印装质量问题，我社负责调换)

总 序 一

　　"一带一路"是中国国家主席习近平提出的新型国际合作倡议，为全球治理体系的完善和发展提供了新思维与新选择，成为共建国家携手打造人类命运共同体的重要实践平台。气候和环境贯穿人类与人类文明的整个发展历程，是"一带一路"倡议重点关注的主题之一。由于共建地区具有复杂多样的地理、地质、气候条件、差异巨大的社会经济发展格局、丰富的生物多样性，以及独特但较为脆弱的生态系统，"一带一路"建设必须贯彻新发展理念，走生态文明之路。

　　当今气候变暖影响下的环境变化是人类普遍关注和共同应对的全球性挑战之一。以青藏高原为核心的"第三极"和以"第三极"及向西扩展的整个欧亚高地为核心的"泛第三极"正在由于气候变暖而发生重大环境变化，成为更具挑战性的气候环境问题。首先，这个地区的气候变化幅度远大于周边其他地区；其次，这个地区的环境脆弱，生态系统处于脆弱的平衡状态，气候变化引起的任何微小环境变化都可能引起区域性生态系统的崩溃；最后，也是最重要的，这个地区是连接亚欧大陆东西方文明的交汇之路，是2000 多年来人类命运共同体的连接纽带，与"一带一路"建设范围高度重合。因此，"第三极"和"泛第三极"气候环境变化同"一带一路"建设密切相关，深入研究"泛第三极"地区气候环境变化，解决重点地区、重点国家和重点工程相关的气候环境问题，将为打造绿色、健康、智力、和平的"一带一路"提供坚实的科技支持。

　　中国政府高度重视"一带一路"建设中的气候与环境问题，提出要将生态环境保护理念融入绿色丝绸之路的建设中。2015 年 3 月，中国政府发布的《推动共建丝绸之路经济带和 21 世纪海上丝绸之路的愿景与行动》明确提出，"在投资贸易中突出生态文明理念，加强生态环境、生物多样性和应对气候变化合作，共建绿色丝绸之路"。2016 年 8 月，在推进"一带一路"建设的工作座谈会上，习近平总书记强调，"要建设绿色丝绸之路"。2017 年 5 月，《"一带一路"国际合作高峰论坛圆桌峰会联合公报》提出，"加强环境、生物多样性、自然资源保护、应对气候变化、抗灾、减灾、提高灾害风险管理能力、促进可再生能源和能效等领域合作"，实现经济、社会、环境三大领域的综合、平衡、可持续发展。2017 年 8 月，习近平总书记在致第二次青藏高原综合科学考察研究队的贺信中，特别强调了聚焦水、生态、人类活动研究和全球生态环境保护的重要性与紧迫性。2009 年以来，中国科学院组织开展了"第三极环境"（Third Pole Environment，TPE）国际计划，联合相关国际组织和国际计划，揭示"第三极"地区气候环境变化及其影响，提出适应气候环境变化的政策和发展战略建议，为各级政府制定长期发展规划提供科技支撑。中国科学院深入开展了"一带一路"建设及相关规划的科技支撑研究，同时在丝绸之路共建国家建设了 15 个海外研究中心和海外科教中心，成为与丝绸之路共建国家开展深度科技合作的重要平台。2018 年 11 月，中国科学院牵头成立了"一带一路"国际科学组织联盟（ANSO），首批成员包括近 40 个国家的国立科学机构和大学。2018 年 9 月中国科学院正式启动了 A 类战略性先导科技专项"泛第三极环境变化与绿色丝绸之路建设"（简称"丝路环境"专项）。"丝路环境"专项将聚焦水、生态和人类活动，揭示"泛第三极"地区气候环境变化规律和变化影响，阐明绿色丝绸之路建设的气候环境背景和挑战，提出绿色丝绸之路建设的科学支撑方案，为推动"第三极"地区和"泛第三极"地区可持续发展、推进国家和区域生态文明建设、促进全球生态环境保护做出贡献，为"一带一路"共建国家生态文明建设提供有力支撑。

"绿色丝绸之路资源环境承载力国别评价与适应策略"系列是"丝路环境"专项重要成果的表现形式之一，将系统地展示"第三极"和"泛第三极"气候环境变化与绿色丝绸之路建设的研究成果，为绿色丝绸之路建设提供科技支撑。

中国科学院原院长、原党组书记

2019 年 3 月

总 序 二

　　"绿色丝绸之路资源环境承载力国别评价与适应策略"是中国科学院 A 类战略性先导科技专项"泛第三极环境变化与绿色丝绸之路建设"之项目"绿色丝绸之路建设的科学评估与决策支持方案"的第二研究课题（课题编号 XDA20010200）。该课题旨在面向绿色丝绸之路建设的国家需求，科学认识共建"一带一路"国家资源环境承载力承载阈值与超载风险，定量揭示共建绿色丝绸之路国家水资源承载力、土地资源承载力和生态承载力及其国别差异，研究提出重要地区和重点国家的资源环境承载力适应策略与技术路径，为国家更好地落实"一带一路"倡议提供科学依据和决策支持。

　　"绿色丝绸之路资源环境承载力国别评价与适应策略"研究课题面向共建绿色丝绸之路国家需求，以资源环境承载力基础调查与数据集为基础，由人居环境自然适宜性评价与适宜性分区，到资源环境承载力分类评价与限制性分类，再到社会经济发展适宜性评价与适应性分等，最后集成到资源环境承载力综合评价与警示性分级，由系统集成到国别应用，递次完成共建绿色丝绸之路国家资源环境承载力国别评价与对比研究，以期为绿色丝绸之路建设提供科技支撑与决策支持。课题主要包括以下研究内容。

　　（1）子课题 1，水土资源承载力国别评价与适应策略。科学认识水土资源承载阈值与超载风险，定量揭示共建绿色丝绸之路国家水土资源承载力及其国别差异，研究提出重要地区和重点国家的水土资源承载力适应策略与增强路径。

　　（2）子课题 2，生态承载力国别评价与适应策略。科学认识生态承载阈值与超载风险，定量揭示共建绿色丝绸之路国家生态承载力及其国别差异，研究提出重要地区和重点国家的生态承载力谐适策略与提升路径。

　　（3）子课题 3，资源环境承载力综合评价与系统集成。科学认识资源环境承载力综合水平与超载风险，完成共建绿色丝绸之路国家资源环境承载力综合评价与国别报告；建立资源环境承载力评价系统集成平台，实现资源环境承载力评价的流程化和标准化。

　　课题主要创新点体现在以下 3 个方面。

　　（1）发展资源环境承载力评价的理论与方法：突破资源环境承载力从分类到综合的阈值界定与参数率定技术，科学认识共建绿色丝绸之路国家的资源环境承载力阈值及其超载风险，发展资源环境承载力分类评价与综合评价的技术方法。

　　（2）揭示资源环境承载力国别差异与适应策略：系统评价共建绿色丝绸之路国家资源环境承载力的适宜性和限制性，完成绿色丝绸之路资源环境承载力综合评价与国别报告，提出资源环境承载力重要廊道和重点国家资源环境承载力适应策略与政策建议。

（3）研发资源环境承载力综合评价与集成平台：突破资源环境承载力评价的数字化、空间化和可视化等关键技术，研发资源环境承载力分类评价与综合评价系统以及国别报告编制与更新系统，建立资源环境承载力综合评价与系统集成平台，实现资源环境承载力评价的规范化、数字化和系统化。

"绿色丝绸之路资源环境承载力国别评价与适应策略"课题研究成果集中反映在"绿色丝绸之路资源环境承载力国别评价与适应策略"系列专著中。专著主要包括《绿色丝绸之路：人居环境适宜性评价》《绿色丝绸之路：水资源承载力评价》《绿色丝绸之路：生态承载力评价》《绿色丝绸之路：土地资源承载力评价》《绿色丝绸之路：资源环境承载力综合评价与系统集成》等理论方法和《老挝资源环境承载力评价与适应策略》《孟加拉国资源环境承载力评价与适应策略》《尼泊尔资源环境承载力评价与适应策略》《哈萨克斯坦资源环境承载力评价与适应策略》《乌兹别克斯坦资源环境承载力评价与适应策略》《越南资源环境承载力评价与适应策略》等国别报告。基于课题研究成果，专著从资源环境承载力分类评价到综合评价，从水土资源到生态环境，从资源环境承载力评价理论到技术方法，从技术集成到系统研发，比较全面地阐释了资源环境承载力评价的理论与方法论，定量揭示了共建绿色丝绸之路国家的资源环境承载力及其国别差异。

希望"绿色丝绸之路资源环境承载力国别评价与适应策略"系列专著的出版能够对资源环境承载力研究的理论与方法论有所裨益，能够为国家和地区推动绿色丝绸之路建设提供科学依据和决策支持。

封志明

中国科学院地理科学与资源研究所

2020 年 10 月 31 日

前　言

　　"一带一路"是我国政府提出的国际合作倡议，是中国与丝路沿途国家分享优质产能的一条共商项目投资、共建基础设施、共享合作成果之"路"。"一带一路"主体区域横跨亚、欧、非三大洲，"一带一路"倡议提出十年来，在全球范围内得到积极响应，我国已与150个国家、30多个国际组织签署了200多份合作文件。"一带一路"参与国家的范围逐步扩大，从亚欧大陆拓展至非洲、拉美和加勒比地区、南太平洋地区。

　　水资源作为基础性的自然资源和战略性的经济资源，对经济社会建设产生着根本性的影响。顺利推进"一带一路"必然绕不开水资源问题。绝大多数共建国家均存在水资源短缺、供水危机等多种水资源安全问题。由于横跨经度和纬度范围广，不同区域水资源特征及水问题存在差异，各国水资源承载能力和水资源安全状况也不相同。

　　本书面向绿色丝绸之路建设的国家重大战略需求，开展丝路共建地区水资源状况分析，揭示共建国家水资源分布特征、时空演化和国别差异，为国家更好地落实"一带一路"倡议提供基础水资源本底信息支撑。开展各国现状水资源开发利用分析，揭示不同国家的用耗水演变规律，有助于厘清各国的水资源供需发展态势。开展水资源承载能力国别评价，有助于制定水资源承载能力增强调控策略和防范水资源安全风险。

　　本书共6章。第1章"绪论"，扼要说明研究背景、研究目标、研究内容与方法，以及研究范围。第2章"水资源承载力评价研究综述"，对水资源承载力的概念、理论基础、影响因素以及国内外研究现状和评价方法进行系统评述。第3章"水资源状况"，主要从水资源供给端对丝路沿线水资源基础和供给能力进行分析和评价，是对丝路共建地区水资源本底状况的认识，包括丝路共建地区降水、水资源量、非常规水资源、水资源可利用量等的评价和分析。第4章"水资源开发利用情况"，从水资源消耗端对丝路共建地区的水资源开发利用进行计算、分析和评价，包括丝路共建地区总用水量和行业用水量的现状和变化态势分析、耗水量和耗水率分析、水资源开发利用程度评价、用水水平和用水效率的分析及评价。第5章"水资源承载力评价"，建立水资源承载力计算方法，对丝路全域、地区和国别现状和未来水资源承载力进行计算和评价。第6章"水资源承载力提升策略"，基于共建国家水资源承载力研究，面向丝路共建地区水资源问题，根据水资源承载力的不同情况，分类型、分地区提出水资源承载力提升策略。

　　本书由贾绍凤拟定大纲、组织撰写，贾绍凤、吕爱锋负责全书统稿、审定，严家宝负责全面研究工作和执笔。本研究工作得到中国科学院 A 类战略性先导科技专项（XDA20010201）和国家自然科学基金项目（41901047）资助，在此表示感谢。由于作者水平有限，书中难免疏漏，恳请各位专家和读者不吝指教，任何问题、意见和建议都可以反馈到 jiabao.yan@foxmail.com，我们会认真考虑、及时修正。

作　者

2023 年 3 月 20 日

摘　　要

　　水资源是经济社会发展的基础性、先导性、控制性要素，水的承载空间决定了经济社会的发展空间。顺利推进"一带一路"建设必然绕不开水资源问题，丝路共建国家涉及区域广，水资源问题复杂多样。水资源高效开发利用与水安全保障是高质量共建"一带一路"的必然要求。

　　本书面向绿色丝绸之路建设的重大国家战略需求，科学认识丝路共建国家水资源基础、水资源开发利用状况，以及水资源承载力的分布特征和地域差异，为更好地落实"一带一路"倡议提供信息支撑。评价丝路共建国家水资源承载力时空演变特征，估算未来水资源承载力发展趋势，为制定水资源承载力调控提升策略和防范水资源安全风险提供决策依据。

　　本书主要结论如下：

　　（1）丝路共建地区多年平均降水低于全球平均水平；降水丰富的南亚地区和东南亚地区降水呈增多趋势，而降水匮乏的西亚-中东地区和中亚地区降水却呈减少趋势；大部分共建地区降水年内分布不均、集中程度较高，是水旱灾害频发、水资源开发利用困难的重要原因。

　　（2）丝路共建地区以世界 36% 的水资源量养活着世界 63% 的人口；南亚和西亚-中东地区人均水资源量较少，整体处于轻度缺水状态；丝路共建地区水资源可利用量占水资源总量的 34.8%，西亚-中东地区水资源可利用率高，东南亚地区和南亚地区水资源可利用率低。

　　（3）丝路共建地区整体以农业用水为主，但中东欧地区以工业用水为主。丝路共建地区总用水量呈增长态势，中东欧地区呈下降态势。

　　（4）丝路共建地区平均水资源开发利用率为 17.6%，约为世界平均水平的 2 倍；西亚-中东地区、中亚地区和南亚地区水资源开发利用率均超过 50%；丝路共建地区用水效率较低，综合用水效率不到世界平均水平的一半；中亚地区用水效率最低，万美元GDP 用水量是世界平均水平的 7.6 倍。

　　（5）同等用水效率和生活福利水平下，以第二产业和第三产业为主的西亚-中东地区和中东欧地区国家百万方水承载力较高，而第一产业比重较高的中亚地区、南亚地区和东南亚地区国家百万方水承载力较低。丝路共建地区大部分国家生活福利水平和用水效率水平均低于基准水平。

（6）随着经济技术水平的提高，水资源可利用量也会逐步提高，加上用水效率整体上也在逐步提升，丝路共建地区水资源承载力会逐步增强，水资源承载状态整体会有所改善，但西亚–中东地区和南亚地区的水资源承载状态形势依然严峻。

目　　录

第 1 章 绪 论

  "一带一路"倡议是我国提出的一个全球性合作倡议，旨在促进经济要素有序自由流动、资源高效配置和市场深度融合，推动共建各国实现经济政策协调，开展更大范围、更高水平、更深层次的区域合作，共同打造开放、包容、均衡、普惠的区域经济合作架构，推动共建国家共同发展。"一带一路"倡议涵盖多个领域，水资源是"一带一路"倡议中的一个关键领域，因为它涉及能源、农业、城市化等多个领域的发展。顺利推进"一带一路"必然绕不开水资源问题。绝大多数共建国家均存在水资源短缺、供水危机等多种水资源安全问题。由于经度和纬度跨度广，不同区域水资源特征及水问题存在差异，各国水资源承载能力和水资源安全状况也不相同。本书依托"泛第三极环境变化与绿色丝绸之路建设"A类战略性先导科技专项，对绿色丝绸之路共建国家和地区水资源、水资源开发利用、水资源承载力时空演变特征进行深入分析和探讨，研究提出重要地区和重点国家的水资源承载力适应策略与技术路径，为"一带一路"倡议提供科学依据和决策支持。本章主要介绍本书撰写的背景、研究的目标、研究的内容和主要方法，以及对研究范围的界定。

1.1 背景及意义

1.1.1 项目背景

  青藏高原是世界屋脊、亚洲水塔。以青藏高原为核心的第三极是全球气候变暖最强烈的地区，也是未来全球气候变化影响不确定性最大的地区。以第三极为起点向西辐散，涵盖青藏高原、帕米尔高原、兴都库什、天山、伊朗高原、高加索、喀尔巴阡等山脉，面积约 2000 万 km^2。泛第三极地区，不仅是"一带一路"的核心区，与 30 多亿人的生存与发展环境密切相关，也是地球上生态环境最脆弱和人类活动最强烈的地区之一。泛第三极的快速气候变化和不断加剧的人类活动与这一地区特殊过程的叠加效应，导致这一地区未来资源环境变化具有极大的不确定性。因此，需要深入研究泛第三极资源环境变化规律与驱动机制，科学预估未来变化趋势，为人类活动最强烈的"丝绸之路经济带"可持续发展提供科学依据和决策支持（姚檀栋，2018）。

  为此，中国科学院于 2018 年启动了"泛第三极环境变化与绿色丝绸之路建设"A类战略性先导科技专项（以下简称"丝路环境专项"）。丝路环境专项面向"一带一路"

环境保护和"守护世界上最后一方净土"的绿色发展战略，围绕自然和人类双重作用下泛第三极环境变化对绿色丝绸之路建设可持续性的影响和西风–季风影响下泛第三极环境变化不确定性两大统领性问题，聚焦绿色丝绸之路可持续发展、环境灾害风险防范、人类活动对环境变化影响的调控、气候变化与生态环境协同演化、西风–季风协同作用对环境和水资源变化影响五个科学问题，进行基础研究、应用研究、技术示范和决策支持为一体的绿色发展途径全链条科学集成。

丝路环境专项下设七大任务项目："绿色丝绸之路建设的科学评估与决策支持方案""生态屏障动态监测与区域绿色发展方案""重点地区和重要工程的环境问题与灾害风险防控""人类活动的环境影响与调控""气候变化对生物多样性的影响与适应策略""西风–季风协同作用和水资源变化""地质演化及环境资源效应"。丝路环境专项从地球系统科学和多学科交叉的视角下设三大联合攻关项目："绿色丝绸之路建设空间路线图的综合集成研究""人与环境相互作用的生态环境变化与调控对策""西风–季风协同作用与亚洲水塔变化及其广域影响和绿色发展方案"。

"绿色丝绸之路建设的科学评估与决策支持方案"任务项目下设三个课题，包括"绿色丝绸之路建设的空间路线图及建设机制""绿色丝绸之路资源环境承载力国别评价与适应策略""绿色丝绸之路环境变化影响评估与政策建议"。

"绿色丝绸之路资源环境承载力国别评价与适应策略"课题旨在面向绿色丝绸之路建设的重大国家战略需求，科学认识丝路共建国家资源环境承载力承载阈值与超载风险，定量揭示共建国家水资源承载力、土地资源承载力和生态承载力及其国别差异，研究提出重要地区和重点国家的资源环境承载力适应策略与技术路径，为国家更好地落实"一带一路"倡议提供科学依据和决策支持。课题下设三个子课题："绿色丝绸之路水土资源承载力国别评价与适应策略""绿色丝绸之路生态承载力国别评价与适应策略""绿色丝绸之路资源环境承载力综合评价与系统集成"。

绿色丝绸之路水资源承载力评价是"绿色丝绸之路水土资源承载力国别评价与适应策略"子课题的主要任务和重要研究内容之一。水资源承载力评价是一种评估水资源可持续利用能力的方法，对共建国家的水资源进行综合评价，包括水资源数量、质量、生态等方面，了解各国水资源的状况和潜力，从而为相关国家制定水资源管理政策和措施提供依据，促进区域合作和发展，实现共赢。绿色丝绸之路水资源承载力评价的项目背景路线图如图 1-1 所示。

1.1.2　研究背景

1. "一带一路"倡议十年

"一带一路"倡议是我国提出的一项重大国际合作计划，旨在同共建国家建立贸易和投资便利化的环境，促进贸易、投资、金融、交通、能源、文化等领域的合作，推动共建国家共同发展。

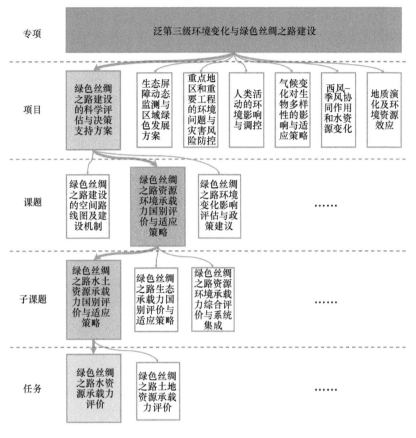

图 1-1 项目背景路线图

2013 年 9 月，中国国家主席习近平在出访中亚和东南亚期间提出"丝绸之路经济带"和"21 世纪海上丝绸之路"两个倡议，这两个倡议后来被合称为"一带一路"。2015 年 3 月，国家发展改革委、外交部、商务部联合发布了《推动共建丝绸之路经济带和 21 世纪海上丝绸之路的愿景与行动》简明扼要地阐述了"一带一路"倡议的背景、原则、框架思想、合作重点与机制等。2017 年 5 月，首届"一带一路"国际合作高峰论坛在北京举行，共有 140 多个国家、80 多个国际组织的代表出席。会议上，中国政府提出了推进"一带一路"建设的五大支持措施，包括设立 1000 亿元人民币的"一带一路"专项借贷、支持共建国家的人才培训、加强基础设施互联互通等。2019 年 4 月，第二届"一带一路"国际合作高峰论坛在北京召开。论坛上推出了更多的合作倡议和成果，例如建立"一带一路"倡议绿色发展国际联盟、推动数字丝绸之路建设等。

2023 年是"一带一路"倡议十周年，第三届"一带一路"国际合作高峰论坛也即将迎来召开，"一带一路"建设成效显著。"一带一路"倡议以共商共建共享为原则，以和平合作、开放包容、互学互鉴、互利共赢的丝绸之路精神为指引，坚持国际关系民主化大方向，努力推动全球治理体系朝着更加公正合理的方向发展。倡议提出以来，得到国际社会广泛认同、支持和参与，已成为最受欢迎的国际公共产品。截至 2022 年末，我国已与 150 个国家、32 个国际组织签署了 200 多份合作文件；与 26 个国家和地区签署了 19 个自贸协定（中国政府网，2023）。"一带一路"自提出以来已经取得了很多进展，涉及领域广泛，包括基础设施建设、能源资源合作、贸易和投资、人文交流等。"一带一路"倡议覆盖范围不断扩大，合作领域不断拓展，合作的形式和内容不断深化，有力地促进多双边关系稳定健康发展，实现互利共赢。

当今世界百年未有之大变局加速演变，新一轮科技革命和产业变革带来的激烈竞争前所未有，气候变化、疫情防控等全球性问题对人类社会影响深远。共建"一带一路"国际环境日趋复杂，但仍面临重要机遇。要保持战略定力，抓住战略机遇，坚定不移推动共建"一带一路"高质量发展，把"一带一路"建设成为和平之路、繁荣之路、开放之路、绿色之路、创新之路、文明之路（国家统计局，2022）。

2. 水资源问题

水资源是人类生存和发展的基础，是经济社会发展的重要支撑。水资源问题是"一带一路"共建国家和地区共同面临的重要挑战之一。

（1）水资源问题影响可持续发展。大部分共建国家和地区都面临着水资源短缺和质量问题。由于人口增长和经济发展，水资源的供需矛盾愈发严重。因此，重视水资源问题是确保共建国家和地区可持续发展的重要前提。

（2）水资源问题与生态环境问题紧密相关。水资源的短缺和污染不仅会影响人类健康和经济发展，还会给生态环境带来巨大压力。水资源的过度开采和污染会导致河流湖泊水位下降、湿地退化、生态失衡等问题，这些问题将进一步加剧气候变化、生物多样性丧失等全球性环境问题。

（3）水资源是"一带一路"倡议中的关键领域。"一带一路"倡议是一个综合性的国际合作平台，涵盖多个领域。水资源是"一带一路"倡议中的一个关键领域，因为它涉及到能源、农业、城市化等多个领域的发展。如果不重视共建国家和地区的水资源问题，将会对整个"一带一路"倡议的实施和推进产生不利影响。

因此，共建"一带一路"需要重视水资源问题，积极推动共建国家和地区的水资源的合理利用和保护，提高水资源开发利用效率，改善水环境质量，促进"一带一路"高质量发展和全球共同繁荣。

由于社会经济发展水平不同、地理空间范围广、自然环境差异大等多种因素的影响，丝路共建国家的水资源问题具有复杂多样性。丝路共建国家的水资源问题不仅受气候和地形因素的影响，还受到了人类活动的影响。人口和经济的快速增长，城市化进程的加快，都对水资源造成了巨大的压力。大量的农业和工业用水也对水资源造成了不同程度的影响。随着全球气候变化的加剧，丝路共建国家的水资源问题变得越来越突出。以下是丝路共建国家和地区存在的主要水资源问题：

（1）水资源时空分布极不均衡。丝路共建地区水资源时空分布不均，南亚地区和东南亚地区水资源丰富，干旱半干旱地区的中亚地区、西亚地区水资源极其匮乏。中蒙俄地区、南亚地区、西亚地区、中亚地区均存在水资源分布不均的问题。水资源在时间上分布也极为不均，很多南亚国家如孟加拉国、巴基斯坦等，降水季节变化较大，雨季降水丰富，旱季降水稀少。

（2）多数地区存在水资源短缺问题，水资源存在不同程度超载。西亚地区、中亚地区水资源普遍较低，水资源短缺严重。南亚地区虽水资源总量处于丝路共建地区的中等水平，但南亚地区的国家平均人口密度较高，使得人均水资源量较为不足，低于世界平均水平和丝路共建国家和地区平均水平。从用水结构来看，丝路共建国家和地区以农业用水为主，在经济发展状况和技术条件的限制下，较为落后的灌溉设施使得农业用水利用率低。另外，随着经济的发展和城市化进程的加快，一些地区的水污染问题日益严重。这些因素也进一步加剧了地区水资源短缺问题。

（3）干旱和洪涝灾害频发。洪灾在大部分共建地区均存在，在南亚地区和东南亚地区尤为突出；东亚地区、西亚地区、中亚地区、中欧地区干旱灾害较为严重。丝路共建国家和地区干旱和洪涝事件频发且呈上升趋势，南亚地区是世界上最易受洪水侵袭的地区，经常发生洪水和干旱等极端天气事件。多数共建国家经济欠发达，抗灾能力弱，自然灾害是丝路地区可持续发展的重大威胁。

（4）跨境水资源安全问题严峻，区域跨境水资源合作有待加强。丝路共建地区跨境流域众多，影响世界近1/3的人口。由于民族、文化、信仰、经济发展水平发展差异，跨境水资源合作薄弱，跨境争端时有发生，以南亚地区、中亚地区较为突出，区域、次区域的跨境水资源合作有待进一步加强。例如，湄公河流域涉及中国、缅甸、老挝、泰国、柬埔寨和越南等国家，各国之间需要协调和合作，以确保水资源的公平分配和合理利用。

丝路共建地区水资源问题复杂多样，受到经济、社会、政策等各方面因素的影响，各种水资源问题也不是孤立存在的，不同水问题之间存在引发和共存等关系，如水污染会引发水资源短缺和供水问题（左其亭等，2018）。解决丝路共建地区水资源问题需要各国、各部门之间的合作和协调，同时也需要政府、企业和公众的积极参与和支持。

1.1.3 研究意义

丝路共建国家和地区水资源时空分布不均，水情复杂，水资源短缺、水污染严重、水生态环境恶化等问题尤为突出，严重制约着丝路共建国家和地区的可持续发展。水资源承载力是区域生态环境建设和确定社会经济健康发展方向的基础。丝路共建国家和地区水资源禀赋不均，社会经济差异显著，水资源承载力也存在较大的差距。虽然已有学者关注了丝路共建国家和地区水资源承载力，但大多以单独国家、次区域或局部区域为研究对象，研究结果缺乏系统性和全面性。本书对丝路共建地区水资源承载力的现状和未来趋势进行系统评估，探寻适合共建国家和地区可持续发展的水资源承载力国别调控策略，为资源环境承载力综合评价提供科学基础。

丝路共建国家以农业用水为主，在经济发展状况和技术条件的限制下，农业用水利用率低，加之水污染影响水资源的正常使用，可利用水量减少，水资源供给压力增大。

水资源短缺和水质污染严重制约丝路共建国家的经济可持续发展。为此，在遵循社会经济发展规律及水资源利用规律的基础上缓解水资源压力，是丝路共建国家和地区尤其是缺水地区面临的重大课题和艰巨任务。

科学认识丝路共建国家和地区水资源、水资源开发利用、水资源承载力及承载状态的分布特征和地域差异，为更好地落实"一带一路"倡议提供信息支撑。开展水资源承载能力国别评价，有助于制定水资源承载能力增强调控策略和防范水资源安全风险。本书以此为目的，在研究水资源、水资源开发利用及水资源承载力时空分布的基础上，评价丝路共建国家和地区水资源承载力时空演变特征，计算不同情景下水资源承载力发展趋势，为丝路共建地区水资源安全提供适应策略和可持续发展道路提供决策依据。

1.2　研究目标

课题层面，"绿色丝绸之路资源环境承载力国别评价与适应策略"课题的总目标是面向绿色丝绸之路建设的重大国家战略需求，科学认识绿色丝绸之路共建国家和地区资源环境承载力承载阈值与超载风险，定量揭示共建国家和地区的水资源承载力、土地资源承载力和生态承载力及其国别差异，研究提出重要地区和重点国家的资源环境承载力适应策略与技术路径，为"一带一路"倡议提供科学依据和决策支持。

根据课题整体研究目标，研究内容遵循"总–分–综"的基本原则，分解为 3 项研究内容（图 1-2）。其中，内容 1 和内容 2 分别从水资源承载力、土地资源承载力和生态环境承载力等主要资源环境类别入手，开展资源环境承载力分类评价，以揭示水土资源和生态环境承载力限制性与国别差异；内容 3 从分类到综合，开展人居环境适宜性、社会经济限制性，以及资源环境承载力综合评价，并集成资源环境承载力区域综合评价与系统，既承担资源环境承载力综合评价任务，又承担系统集成与成果集成角色。

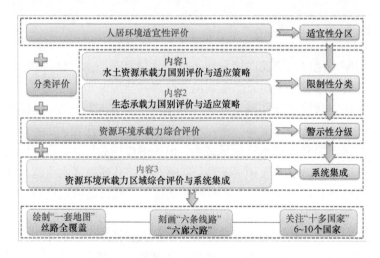

图 1-2　课题研究内容逻辑关系示意图

水资源承载力评价是资源环境承载力分类评价的重要研究内容之一,也是资源环境承载力综合评价的重要基础。作为可持续发展研究和水资源安全战略研究中的一个基础课题,水资源承载力研究成为当前水资源科学中的一个重点和热点研究问题,水资源承载力评价是寻求区域可持续发展道路的重要依据。本书综合借助自然科学、社会科学的相关理论知识,系统地对绿色丝绸之路共建国家和地区水资源、水资源开发利用、水资源承载力时空演变特征,以及未来发展趋势进行深入分析和探讨,旨在提高共建国家和地区水资源承载能力及可持续发展能力,为丝路共建国家和地区提升水资源承载能力提供科学依据。

1.3 研究内容与方法

1.3.1 研究内容

基于水资源可利用量与开发利用潜力国别评价,揭示共建国家水资源供给的地域特征与国别差异;基于国家水资源消耗与人均综合用水国别评价,揭示不同国家水资源需求的地域特征与国别差异;基于人水平衡关系,建立水资源承载力模型,完成共建国家和地区水资源承载力评价与限制性分类/分区;开展水资源承载力情景分析与安全预警研究,提出水资源承载力的国别调控策略,为资源环境承载力综合评价和系统集成提供科学基础。

1. 水资源量及可利用量评价

开展各共建国家的水资源评价,在流域、国家和重点地区多个空间尺度上,评估各国的降水-径流资源和水资源可利用量,进而结合各种工程和非工程措施,开展水资源开发利用潜力国别评价,把握丝路共建地区水资源的空间变异特征,厘清我国与各共建国家的水资源关系。研究要点包括:降水-径流资源国别评价与地域差异;水资源可利用量国别评价与地域差异;水资源开发利用潜力国别评价与地域差异。

2. 水资源开发利用评价

开展水资源开发利用国别评价,厘清各国的水资源供需发展态势;揭示不同国家的用耗水演变规律及其关键驱动因子,实现水资源消耗的国别评价;根据需水变化过程与社会经济发展的互动关系,对各个国家未来的需水量进行预测;综合用耗水和需水评价结果,开展人均综合用水国别评价,并对其未来发展趋势进行预判。研究要点包括:水资源开发利用国别评价与对比分析;水资源消耗国别评价与需水预测;人均综合用水国别评价与未来趋势。

3. 水资源承载力国别评价与限制性分类/分区

解析气候变化和人类活动对水资源承载能力及负荷的影响路径,在自然降水和人工灌溉两种条件下,开展水土平衡关系国别评价,并识别其空间变异特征;建立水资源承载力评估模型,研究确定不同指标因子的权重与关键阈值,开展水资源承载力国别评价,提出水资源承载力的限制性分类/分区。研究要点包括：水土平衡国别评价与地域差异；基于人水平衡关系的水资源承载力国别评价与限制性分区。

4. 水资源承载力的未来情景与调控策略

从影响水资源承载力的因素出发，解析"一带一路"建设对各共建国家水资源承载力的影响路径，预测未来 10～20 年不同水资源供需情景下各国的水资源承载力与承载状态；开展水资源承载力阈值分析，实现对各共建国家水资源安全的分级预警，识别水资源超载风险，提出水资源承载力增强调控策略与技术路径。研究要点包括：水资源承载力的影响因素与情景分析；水资源承载力的阈值分析与安全预警；共建国家水资源承载力的调控策略与技术路径。

1.3.2　研究方法

基于多源数据，综合运用数据融合技术、数据挖掘技术，开展丝路共建国家和地区水资源量的估算及评价、水资源开发利用率及水资源供需平衡状况的评估；从水资源供需平衡关系出发，确定合理承载规模，判定承载状态，揭示水资源承载力的时空分布格局，制定丝路共建国家和地区水资源承载力评价技术方法框架（图 1-3）。

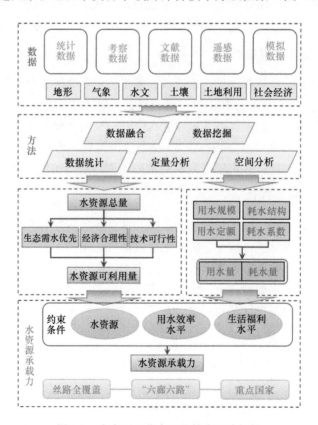

图 1-3　水资源承载力评价技术方法框架

首先，综合运用遥感数据、统计资料和实地调研数据，利用高分辨率高精度降水数据集，实现对径流量的估算，生成高分辨率径流产品，构建高精度径流数据集；对数据集进行数理统计和空间分析，在绿色丝路全域、流域、国家和重点廊道多个空间尺度上，开展水资源量的国别评价与地域差异性分析。

其次，基于不同时空尺度的统计、调研和文献分析结果等多源数据，以数理统计和空间分析为主要研究方法，建立共建国家和地区用耗水统计数据库；从农业用水、工业用水、生活用水三个方面，开展共建地区的用水评价，并分析其时间变化趋势与空间格局；在此基础上，开展共建国家和地区水资源开发利用程度、用水水平和用水效率的国别评价与地域差异性分析。

最后，建立水资源承载力评估模型，在一定的水资源可利用量、用水效率水平、福利水平等约束条件下，计算水资源承载人口数量，开展水资源承载力及承载状态的国别评价，提出水资源承载力的限制性分类/分区；通过解析绿色丝绸之路建设对各共建国家水资源承载能力及负荷的影响路径，开展未来水资源承载力情景分析，实现对各共建国家水资源安全的分级预警，识别超载风险，提出水资源承载力增强调控策略与技术路径。

1.4 研究范围

"一带一路"倡议是一个开放包容的体系，对所有国家和地区开放，没有预设的国家名单和空间范围。截至 2022 年末，我国已与 150 个国家、32 个国际组织签署了 200多份合作文件。

由于参与"一带一路"倡议的国家仍处于变化之中，而本书的研究范围仍为"一带一路"倡议最初的 65 个基本国家以示区分，本书使用"共建国家"或"共建地区"特指"一带一路"倡议的 65 个基本国家和其涵盖的地理区域。按地理位置对丝路共建国家进行划分，将丝路共建国家和地区划分为东南亚地区、南亚地区、西亚-中东地区、中东欧地区、中蒙俄地区、中亚地区六大区域（表 1-1）。

表 1-1 本书研究范围

区域	国家	国家数
东南亚地区	越南、老挝、柬埔寨、泰国、马来西亚、新加坡、印度尼西亚、文莱、菲律宾、缅甸、东帝汶	11
南亚地区	印度、巴基斯坦、孟加拉国、阿富汗、尼泊尔、不丹、斯里兰卡、马尔代夫	8
西亚-中东地区	伊朗、伊拉克、土耳其、叙利亚、阿联酋、沙特阿拉伯、卡塔尔、巴林、科威特、黎巴嫩、阿曼、也门、约旦、以色列、巴勒斯坦、亚美尼亚、格鲁吉亚、阿塞拜疆、埃及	19
中东欧地区	波兰、捷克、斯洛伐克、匈牙利、乌克兰、白俄罗斯、摩尔多瓦、立陶宛、爱沙尼亚、拉脱维亚、斯洛文尼亚、克罗地亚、波黑、黑山、塞尔维亚、阿尔巴尼亚、罗马尼亚、保加利亚、马其顿	19
中蒙俄地区	中国、蒙古国、俄罗斯	3
中亚地区	哈萨克斯坦、乌兹别克斯坦、土库曼斯坦、塔吉克斯坦、吉尔吉斯斯坦	5

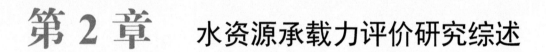

第 2 章　水资源承载力评价研究综述

资源短缺是制约社会经济发展的重要因素，其中水资源短缺已成为全球性的问题。如何解决水资源供需矛盾，提高水资源利用效率，实现经济社会与水资源可持续发展，是社会经济发展安全战略研究中的热点问题。水资源承载力是反映某个区域水资源能否安全和支撑社会经济、生态环境协调发展的重要指标。国内外学者已开展了大量水资源承载力方面的研究，水资源承载力相关理论和方法日趋成熟，应用越来越广泛。在分析和总结已有研究成果的基础上，本章对水资源承载力的概念、理论基础、影响因素，以及国内外研究现状和评价方法进行系统评述。

2.1　水资源承载力理论

2.1.1　承载力概念的演化与发展

"承载力"一词，亦称"承载能力"（carrying capacity），原本是物理学中的一个概念，指物体在不产生任何破坏时所能承受的最大负荷（张宏亮和何波，2013）。随着承载力研究的深入，承载力早已突破物理学上的概念范畴，成为人口、资源、生态、环境等多学科研究对象。承载力的概念用以衡量特定区域在某一环境条件下可维持某一物种个体的最大数量（夏军，2002）。

1798 年，马尔萨斯发表了重要的人口学著作《人口原理》，指出人口在无妨碍时以几何级数增加，而生活资料只以算术级数增加；人口增殖力和土地生产力增殖之间不平衡，前者要大于后者；人口增加必然受到生活资料的限制，只要生活资料增长，人口一定会增长，除非受到某种抑制，这种抑制使得现实的人口与生活资料相平衡（Malthus，1798；王存同，2008）。马尔萨斯的人口理论实际上是土地资源人口承载力研究的雏形。1838 年，Verhulst 提出了著名的 Logistic 方程，用于描述资源环境限制下的人口增长模型（Bacaër，2011）。1921 年，Park 等首先将承载力概念引入到人类生态学领域，认为可以根据食物资源确定一个区域承载的人口（Park and Burgess，1921）。此后，承载力的概念被广泛应用于生态学领域（Kessler，1994）。

20 世纪 70 年代，随着人类社会经济发展，全球资源环境问题日趋严重，人们逐渐认识到自然资源是支持地球上生命系统和人类生存发展的物质基础，其量和质是有限的，它们满足人类现在与未来发展需要的能力也是有限的。这一时期具有代表性的著作为 Meadows 等著的《增长的极限》（Meadows et al.，1972）。之后，承载力的概念得到延伸发展，土地承载力、资源承载力、环境承载力等诸多概念也相继出现（封志明，1993；

景跃军和陈英姿,2006)。1985 年,联合国教科文组织等给出资源承载力的定义(UNESCO and FAO,1985)。随后,可持续发展概念提出,承载力成为探讨可持续发展问题的主体内容之一。1995 年,Arrow 等在 *Science* 发表的《经济增长、承载力和环境》(Arrow et al.,1995),引起承载力研究的热潮。

承载力概念的演化与发展是对发展中出现问题的反应与变化结果(夏军,2002)。在不同的发展阶段,产生了不同的承载力概念和相应的承载力理论。如针对环境问题,人们提出了环境承载力的概念和理论;针对土地资源短缺问题,人们提出了土地资源承载力的概念和理论。而"水资源承载力"一词,则是随着水问题的日益突出,由我国学者在 20 世纪 80 年代末提出来的。作为可持续发展研究和水资源安全战略研究中的一个基础课题,水资源承载力研究已引起学术界的高度关注并成为当前水资源科学中的一个重点和热点研究问题。

2.1.2 水资源承载力概念

水资源承载力(water resources carrying capacity)是承载力概念在水资源领域的具体应用,国外往往以"水资源供需比(ratio of water supply to water demand)""可利用水量(water availability)"等概念出现(王建华等,2017)。

目前关于水资源承载力的定义多种多样,尚不统一,但其本质上基本一致。水资源承载力的定义主要反映以下几个方面的内容(王友贞,2005):

(1)水资源承载力的研究是在可持续发展的框架下进行的,要保证社会经济的可持续发展,从水资源的角度就是首先保证生态环境的良性循环,实现水资源的可持续开发利用;从水资源社会经济系统各子系统关系角度,就是水资源–社会–经济–生态环境各子系统之间应协调发展。

(2)水资源可持续开发利用模式和途径与传统的水资源开发利用方式有着本质的区别。传统的水资源开发利用方式是经济增长模式下的产物,而可持续的开发利用目标是要满足人类世世代代用水需要,是在保护生态环境的同时,促进经济增长和社会繁荣,而不是单纯追求经济效益。

(3)水资源承载力研究都是针对具体的区域或流域进行的,因此区域水资源系统的组成、结构及特点对承载力有很大的影响;区域水资源承载力的大小不仅与区域水资源有关,而且与所承载的社会经济系统的组成、结构、规模有关。

(4)水资源的开发利用及社会经济发展水平受历史条件的限制,对区域水资源承载力的研究都是在一定的发展阶段进行的。也就是说,在"不同的时间尺度"上,区域水资源和所承载的系统的外延和内涵都会有不同的发展和变化。

(5)水资源承载力是水资源在社会经济及生态环境各部门进行合理配置和有效利用的前提下,区域水资源承载的社会经济规模。

目前,对水资源承载力概念可归纳为三种观点(王建华等,2017):第一种观点是水资源开发规模论,认为水资源承载力是在一定的生产力和科技水平下,通过水资源配置使经济社会与生态环境协调发展的水资源开发利用的最大规模（许有鹏，1993）；第二种观点是水资源支持持续发展能力论，认为水资源承载力是在维系生态环境良性循环的前提下，以一定的科技水平为依据，水资源支撑经济社会可持续发展的最大能力（张丽等，2003）；第三种观点是水资源承载最大人口论，认为水资源承载力是在某一具体的发展阶段下，以维护生态环境良性发展为前提，在水资源合理配置和高效利用条件下，区域经济社会发展的最大人口容量（王浩等，2004；贾绍凤等，2004）。

本书中水资源承载力采用贾绍凤等（2004）的观点和定义。贾绍凤等（2004）认为水资源可利用量应是水资源承载能力评价的核心内容之一，水资源可利用量评价是水资源承载能力评价的基础。同时"最大社会经济规模"的定义比较含混，因为它包括人口、GDP 等多个指标，实际进行最大化计算时常常不明确应该对哪个指标进行最大化。不如采用早期人口承载能力定义的单一的"最大人口规模"清楚、简便。从根本上说，人口是水资源最终承载对象，而经济规模只是中间载体。将水资源承载能力定义为："在可持续发展原则下，在一定经济技术水平下，在一定的生活福利标准下，一个区域的水资源可利用量所能支撑的最大人口规模"。这里"可持续发展原则"，意味着水资源开发利用必须是可持续的，既不能动用不可更新的水资源，也不能占用生态需水而破坏生态系统的完整性；"一定经济技术水平"，意味着特定的产业结构和用水效率水平；"一定的生活福利标准"，意味着在特定阶段可以接受的人均 GDP、人均生活用水量等生活标准要求。

2.1.3　水资源承载力的理论基础

水资源承载力的研究涉及水资源、社会经济、生态环境等多个方面，其理论基础包括可持续发展理论、水资源-社会经济-生态环境复合系统理论、变化环境下的水文循环理论等（左其亭，2017；张永勇等，2007；朱一中等，2002）。

（1）可持续发展理论。可持续发展是指既满足现代人的需求又不损害后代人满足需求的能力。它的核心是经济、社会、资源和环境保护协调发展，是为了让子孙后代能够享有充分的资源和良好的自然环境，即：代际间发展的公平性、区际间发展的公平性，以及社会经济发展与人口、资源、环境间的协调性。可持续发展以生态与环境持续发展为基础，经济持续发展为条件，目标是社会持续发展。水资源承载力研究的最终目的就是实现社会经济的可持续发展。在可持续发展理论的指导下，水资源承载力的研究必须考虑资源合理分配和循环利用，社会经济与环境的协调发展。

（2）水资源-社会经济-生态环境复合系统理论。一个流域或地区是具有层次结构和整体功能的复合系统，由社会经济系统、生态环境系统和水资源系统组成。水资源系统为经济社会发展提供所必需的水量，涉水经济社会活动又改变水循环过程；生态系统为经济社会系统提供生存与发展空间，并容纳经济社会系统的代谢废物；生态系统是水资源演变的主要载体，同时，水资源又是生态环境的控制性要素。水资源既是该复合系统的基本组成要素，又是社会经济系统和自然生态系统存在和发展的支持条件。水资源的承载力状况对地区的发展起着重要的作用,水资源状况的变化往往导致区域环境的变化、土地利用和土地覆被的改变、社会经济发展方式的变化等。水资源-社会经济-生态环境复合系统理论也是水资源承载力研究的基础,从水资源系统-自然生态系统-社会经济系统耦合机理上综合考虑水资源对地区人口、资源、环境和经济协调发展的支撑能力。

(3)变化环境下的水文循环理论。受气候变化、人类活动的影响,水资源系统已经发生明显变化,水资源承载力也随之发生变化。此外,伴随着人类社会的发展,科学技术水平、用水效率不断提升,同样会促进水资源承载力的提升。人类活动已明显改变了降雨、产流、汇流、下渗、地下水补给等自然水循环特性,产生了取水、用水、处理、排放,以及回用等社会水循环过程。自然水循环以能量为驱动因子;社会水循环则以经济为驱动因子,以效益最大化来决定取水、分水、用水、排水等水循环过程。水资源作为纽带将自然、社会、经济、生态、环境等各个方面有机地联系在一起,构成水资源承载力的研究系统。

2.1.4 水资源承载力影响因素

水资源承载力是由水资源环境与社会经济系统构成的复杂巨系统,影响水资源承载力的因素众多(姜大川,2018;热孜娅·阿曼,2021)。归纳起来可以分为主体与客体两个方面:主体即水资源本身,包括水资源可利用量、水环境质量等;客体即经济社会系统及生态环境系统,包括生产力水平、产业规模与结构、社会消费水平、用水水平、生态环境、政策等。

1. 水资源条件

由于区域自然气候条件的差异,区域水资源总量上具有不同的时空特征。不同区域生态环境、社会、经济、技术、文化、管理水平的不同,区域之间水资源质量有一定的差异性。水量和水质是区域水资源承载力的基本条件,也是水资源承载力的基础;水资源开发利用水平也是主要的影响因素之一,如当某一区域的水资源开发利用程度严重超采,可能会导致区域水生态环境不可逆的破坏,严重威胁人类的生产生活乃至生存;水资源利用效率在很大程度上将影响到水资源承载力水平,随着人类社会技术水平的提高,特别是节水技术不断创新的推动下,显著增强了水资源利用水平,这在一定程度上缓解水资源短缺与水资源压力。

1)水资源总量

水资源总量是指流域水循环过程中可更新恢复的地表水与地下水资源总量。水资源总量的确定是水资源承载力研究的基础资料,是决定流域水资源承载力的关键因素之一。水资源总量的确定包括:变化环境下的水资源总量;跨流域调水所引起的水资源总量的增减;各水利工程建筑物所增加的水资源总量及其控制地域范围与时间范围;丰水期与枯水期水资源总量。

2）生态环境需水

生态环境需水是为了维系生态系统生物群落基本生存和一定生态环境质量（或生态建设要求）的最小水资源需求量和基本水质要求。生态环境需水量包括天然生态保护与人工生态建设所消耗的水量。生态环境需水不但要满足最小水资源量的需要，同时还应满足基本的水质要求。而水体流速与流量，流量与水质又有相互的联系，在生态需水总量计算中需综合考虑。

3）水资源可利用量

水资源可利用量是指可以直接提取用于工业、农业及生活的水资源量。从水资源可持续发展的角度来说，可供使用的水资源量是指在一定的用水结构和开发利用深度下可被开发利用的最大水资源阈值，是水资源承载力计算的基线。水资源可利用量在数值上不易给定，因为该量一方面要保证不挤占生态环境用水，要从水资源总量中扣除地下水总量、地表水对地下水的补给量及蒸发量；另一方面该量与水资源的需求关系及相应的水资源配置、地区生产力水平、生产力发展水平、节水潜力、节水技术、社会消费水平及消费结构等因素相关，因为这些因素的变化影响了回水量及回水水质，从而对流域河道内水体产生了不同的影响，使可供使用的水资源量发生变化。

2. 生产力与技术水平

不同的生产力与技术水平对应着不同的生产用水需求。当区域生产力与技术水平低下时，由于缺乏节水技术，生产单个产品所需的水量和污水排放都较多。而当区域生产力与技术水平较高时，生产单个产品所需的水量及污水排放量将会明显减少，起到节约用水和保护生态环境的作用，如以色列作为水资源极其匮乏的国家对水资源开发利用极其重视，发明了各类先进的节水技术，如海水淡化技术。

3. 经济结构与社会消费方式

一般来说，经济结构通常与水资源承载力存在一一对应的关系。以中国为例，以农业为主的区域水资源的农业需水量巨大，而经济以第二产业和第三产业为主的区域水资源需求量较少。社会消费方式以耗水产品为主的区域相应的水资源需求较高，反之亦然。

4. 人口

区域人口规模的多少直接影响水资源需求量，是水资源承载力的承载对象，不少学者就区域水资源能够承载的人口规模进行量化分析。

5. 政策法规、市场、文化等因素

人类社会生存与发展离不开水资源的支撑，人类活动直接或者间接影响着水资源的承载能力，这些活动包括政策法规、市场，以及文化等。政策法规主要通过经济制度、政策及法规等影响经济结构与社会消费方式，从而又间接影响水资源承载力；当今社会中，水作为一种商品，水价的出现必然导致水市场的出现，而水资源的市场化决定用水的需求；这里的文化因素包括区域传统、宗教信仰等，这些人文因素在思想上影响人类的行为，并且间接影响区域水资源承载力。

2.2 水资源承载力研究进展

2.2.1 资源环境承载力研究

承载力概念的起源可以追溯到马尔萨斯时代。1798 年马尔萨斯发表了著名的《人口原理》，不仅为承载力概念赋予现代内涵，而且对后世达尔文的生物学和生态学发展乃至对 20 世纪的人口学和经济学研究都产生了深远影响。20 世纪 70 年代，随着世界范围内工业化和城市化进程的加速，传统的单要素资源环境承载力研究已难以解决社会发展所遇到的新问题，于是资源环境综合承载力研究逐渐成为承载力理论研究深化的重要方向（封志明等，2017）。

国外相关研究最早可追溯至 1948 年威廉·福格特所著《生存之路》，书中首次将人类对资源环境的过度开发导致的生态变化称为"生态失衡"，并明确提出区域承载力概念以反映区域资源环境所能承载人口与经济发展的容量（Vogt，1948）。1972 年，Meadows 等发表的《增长的极限》利用系统动力学模型对世界范围内的资源环境与人口增长进行定量评价，构建了著名的"世界模型"，深入分析了人口增长、工业化发展与不可再生资源枯竭、生态环境恶化和粮食生产的关系，认为全球的增长将会因粮食短缺和环境破坏在某个时段达到极限（Meadows et al.，1972），由此提出了经济"零增长"的发展模式。报告一经发表便引起了世界范围的对资源环境承载力的强烈关注。

中国涉足以资源环境诸要素综合体为对象的区域承载力研究始于 20 世纪 80～90 年代。齐文虎（1987）提出资源承载力的内涵，将人口、资源、环境和发展作为整体考虑，并通过构建系统动力学模型量化分析资源环境承载力。学者们尝试从自然资源支持力、环境生产支持力和社会经济技术水平等角度，通过构建综合评价模型对区域资源环境承载力状况进行评估（樊杰，2019；毛汉英和余丹林，2001）。此外，日益严重的生态破坏问题亦引起学界的重视，出于保持生态系统完整性考虑，反映区域资源环境综合承载力的生态承载力概念逐渐兴起，其中以高吉喜（2001）提出的概念最具代表性："生态承载力是指生态系统的自我维持、自我调节能力，资源与环境子系统的共容能力及其可维持的社会经济活动强度和具有一定生活水平的人口数量"。该概念不仅强调了特定生态系统所提供的资源和环境对人类社会系统的支持能力，涵盖了资源与生态环境的共容、持续承载和时空变化，而且考虑了人类价值的选择、社会目标和反馈影响（刘晓丽，2013）。此后，许多学者从系统的整体性、稳定性和可持续性出发，以区域"自然–经济–社会"复合生态系统的协调发展为目标，对生态承载力的概念、本质及指标体系进行了系统研究（刘东等，2012；唐剑武等，1997；齐亚彬，2005），研究区域方面则以生态脆弱地区、城市，以及流域等典型生态系统的承载力为主（代富强等，2012；周侃和樊杰，2015；王家骥等，2000）。

全球可持续发展的理念，促使了资源环境承载力真正从概念、理论、科学研究走向管理实践，成为可持续发展的基础与核心内容之一（封志明和李鹏，2018；封志明等，2016，2017）。在科学层面，资源环境承载力研究事关特定时空范围内资源环境基础的"最大负荷"或"有效载荷"。它更加强调要加强承载力阈值界定与关键参数率定、定量评价，以及分类评价、综合计量与集成评估等关键方法与技术研究。在实践层面，资源环境承载力已从分类到综合、从理论到实践，由关注单一资源约束发展到人类对资源环境占用的综合评价。它已不再是仅仅关注某项单项资源或单一环境要素约束的可承载能力，而是强调人类对区域资源利用与占用、生态退化与破坏、环境损益与污染，即资源环境承载力的综合评估与集成评估。在管理层面，资源环境承载力已成为测度人地关系协调发展与区域可持续发展的重要判据。

当前，资源环境承载力研究，亟待突破承载阈值界定与关键参数率定的技术瓶颈（樊杰等，2017），从分类到综合、从定性到定量、从基础到应用、从国内到国外，发展一套标准化、模式化、计算机化的评价方法（封志明和李鹏，2018；封志明等，2016）。

2.2.2　水资源承载力研究

相对于土地资源承载力，水资源承载力研究起步较晚。国际上多将水资源承载力研究纳入可持续发展理论，将水资源与土地等其他因素等作为可持续发展的重要因子来研究，尚未见到明确以水资源承载力为内容的系统研究成果（封志明等，2017）。国外往往以"水资源供需比""可利用水量"等概念出现（王建华等，2017）。

国内关于水资源承载力的研究起步较晚。20世纪80年代初，宋子成和孙以萍（1981）根据中国水资源量与人均耗水量等估算出中国百年后淡水资源可承载的人口数，可认为是水资源承载力的早期探索研究。20世纪80年代末期，新疆水资源软科学课题研究组（1989）第一次探讨了新疆地区的水资源承载能力问题。出于统筹社会经济与水资源之间的紧张关系考虑，施雅风先生等率先提出了水资源承载力的概念：某一地区的水资源，在一定社会和科学技术发展阶段，在不破坏社会和生态系统时，最大可承载的农业、工业、城市规模和人口水平，是一个随社会经济和科学技术水平发展变化的综合目标（施雅风和曲耀光，1992）。20世纪90年代中期以后，多个"九五"攻关项目和自然科学基金课题均涉及水资源承载力领域，水资源承载力的概念、内涵、特征、影响要素，以及相关研究理论和方法等得到快速发展。水资源承载力除反映可供养人口数量外（封志明和刘登伟，2006；王浩等，2003），有学者从水资源开发规模论或水资源开发容量角度，强调了水资源可利用量（傅湘和纪昌明，1999；许有鹏，1993）；水资源承载力内涵更加重视水资源承载对象的多样性和综合性，将水资源承载力理解为对"社会-经济-生态"复合系统的一种支撑能力（冯尚友，1991；夏军和朱一中，2002；封志明等，2014），但总体而言依旧存在着概念模糊、可操作性不强等问题；研究方法上，早期的供需平衡法、层次分析法、模糊综合评价等方法多偏重静态研究（任高珊等，2010；谢高地等，2005；高彦春和刘昌明，1997），忽略了人口发展、经济活动和水资源系统之间的动态反馈关系，因此系统动力学、多目标情景规划等动态研究方法逐渐在水资源承载力研究得到应用（徐中民和程国栋，2000；朱一中等，2004；李丽娟等，2000；贾嵘等，1998）。

进入 21 世纪，因为水资源承载力研究的可操作性问题，如指标不统一、结果不可比、缺乏实用性等，受到了部分学者的质疑。针对这些问题，有关学者对水资源承载力研究重新进行了思考。王浩等（2004）在对西北内陆干旱区水资源承载力研究中，按照经典的土地资源承载力研究思路，从确定人均消费水平入手，采用了农产品价格交换比的平衡分析方法，将其表征为一定生活水平下区域水资源能够承载的最大人口数量；姚治君等（2005）从承载力研究的根本性问题出发对水资源承载力本质进行了探讨，认为水资源承载力不再是一个客观内在的值，而是受区域发展目标所影响，并随之变化。

总体而言，水资源承载力研究的时间相对较短，需要众多学者从理论到实践进一步深入研究（封志明和李鹏，2018）。从发展趋势看，水资源承载力是一个涉及资源、环境、经济和社会等多系统的综合概念，以水资源的可持续利用为中心，探讨影响区域水资源承载力的因素及其相互关系已成为相关研究的重点问题。同时，考虑到水资源具有动态性、随机性和不确定性等特点，在水资源承载力研究中也需加强动态模拟研究，通过一套能反映其本质的模拟体系实现水资源承载力的估算与动态变化的预测。此外，水资源承载力研究要充分考虑水资源的调入、调出，以及跨区占用问题，在开放系统下对区域水资源承载力进行评价也是水资源承载力研究的重要命题。

第 3 章　水资源状况

水资源是经济社会发展的基础性、先导性、控制性要素，水资源状况评价对于科学合理利用水资源、保护水资源、提高水资源利用效率，以及实现可持续发展具有重要意义。了解水资源的数量、分布、变化规律，不仅是科学合理地规划和利用水资源的重要基础，还可以为水资源的保护、治理和管理提供科学依据，保证水资源的可持续利用和生态安全。本章从水资源供给端对丝路共建国家和地区水资源基础和供给能力进行分析和评价，是对丝路共建国家和地区水资源本底状况的认识，包括丝路共建国家和地区降水量、水资源量、水资源可利用量等数量的评价和分析。

3.1　降水

降水是自然界水循环过程中的重要组成部分，是地球上水资源的重要来源之一。降水包括雨、雪、霰、冰雹等形式。降水对农业、生态环境、水资源管理等都有着重要的影响。适量的降水可以保证作物生长、维持生态平衡、补充地下水资源等，但过多或过少的降水都会带来不良后果，如洪涝、旱灾等自然灾害，导致作物减产、水资源短缺等问题。因此，降水评价是水资源状况评价的基础，对于农业生产、防灾减灾、环境保护、城市规划、水资源管理等方面都有着重要的意义。

本节用到的多年平均降水数据来源于 FAO AQUASTAT 数据库（FAO，2016），由于黑山数据缺失，使用世界银行气候变化知识门户网站数据（World Bank，2023）进行填补；降水变化趋势和降水年内分布是根据 MSWEP 降水系列数据（Beck et al.，2019）计算得到。

3.1.1　降水空间格局

从全域来看，丝路共建国家和地区多年平均降水深为 655mm，与中国降水水平相当（中国多年平均降水深为 645mm），低于全球陆地降水水平（全球陆地多年平均降水深为 814mm）。

从分区看，东南亚地区降水最多，多年平均降水深为 2330mm；其次为南亚地区、中东欧地区和中蒙俄地区，多年平均降水深分别为 970mm、640mm 和 511mm；中亚和西亚–中东地区降水最少，分别为 264mm 和 191mm。6 个分区中，仅有东南亚地区和南亚地区降水高于全球陆地降水水平（图 3-1）。

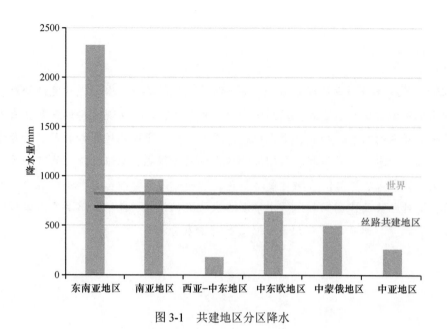

图 3-1　共建地区分区降水

　　丝路 65 个共建国家中,有 41 个国家多年平均降水低于世界平均降水水平,仅有 24 个国家高于世界平均降水水平。丝路各共建国家降水分布如图 3-2 所示。

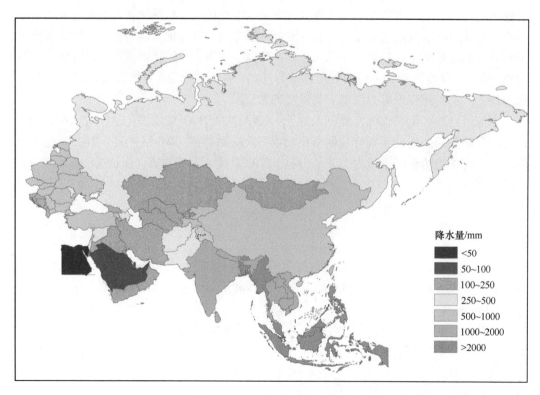

图 3-2　共建国家降水分布图

丝路共建国家和地区降水较多的国家主要分布在东南亚地区和南亚地区。降水最多的 10 个国家中，7 个位于东南亚地区，3 个位于南亚地区（图 3-3）。降水超过 2000mm 的国家有 8 个。马来西亚多年平均降水最多，为 2875mm；其次为文莱、印度尼西亚、孟加拉国、新加坡，多年平均降水分别为 2722mm、2702mm、2666mm 和 2497mm。

丝路共建国家和地区降水较少的国家主要分布在西亚–中东地区和中亚地区。降水最少的 10 个国家中，9 个位于西亚–中东地区，1 个位于中亚地区（图 3-3）。降水低于 200mm 的国家有 10 个。埃及降水最少，仅为 18.1mm；其次为沙特阿拉伯、卡塔尔、阿联酋和巴林，降水分别为 59mm、74mm、78mm 和 83mm。

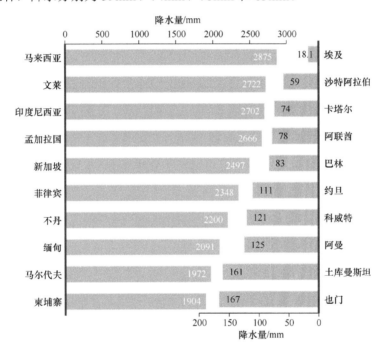

图 3-3 降水量最多的 10 个共建国家和最少的 10 个共建国家

3.1.2 降水变化趋势

1981～2020 年，丝路全域年降水量呈微弱增加趋势［（0.71±0.24）mm/a］，增加趋势显著（图 3-4）。不同分区降水变化存在显著差异（表 3-1），东南亚地区、南亚地区、中蒙俄地区和中东欧地区降水呈增加趋势，增长速率分别为（3.65±2.66）mm/a、（1.81±1.02）mm/a、（0.66 ± 0.21）mm/a 和（0.51 ± 0.78）mm/a，其中中蒙俄地区降水增长趋势显著。西亚–中东地区和中亚地区降水呈减少趋势，降水变化速率分别为（−0.45±0.35）mm/a 和（−0.39±0.43）mm/a。

从降水变化趋势的空间分布看（图 3-5），降水增多较明显的地区主要分布在南亚地区和东南亚地区的大部分地区、中国西北大部分地区和东北松花江流域、中东欧地区西部，以及俄罗斯部分地区；其中降水显著增长的地区包括菲律宾、印度尼西亚的巴布亚

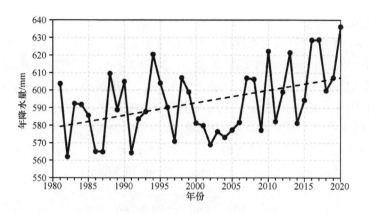

图 3-4　丝路全域平均年降水量变化趋势

表 3-1　丝路全域不同分区降水变化趋势　　　　　　　　　（单位：mm/a）

区域	年降水变化趋势
东南亚地区	3.65 ± 2.66
南亚地区	1.81 ± 1.02
西亚–中东地区	-0.45 ± 0.35
中东欧地区	0.51 ± 0.78
中蒙俄地区	0.66 ± 0.21 *
中亚地区	-0.39 ± 0.43
丝路共建地区	0.71 ± 0.24 *

*代表趋势统计显著（$p<0.05$）。

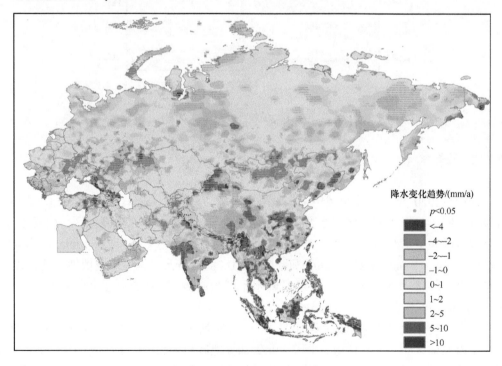

图 3-5　降水变化趋势空间分布

省、泰国南部、印度西高止山脉西部和北部、中国西北大部分地区和松花江地区、俄罗斯叶尼塞河地区和东西伯利亚山地大部分地区。降水减少明显的地区主要分布在印度尼西亚苏门答腊南部省区和爪哇岛、中国西南边境地区和中部部分省区、喜马拉雅山脉西北部和兴都库什山脉连接地带、亚欧大陆之间大部分地带、蒙古国大部分地区及其向北向东的延伸地区；其中降水显著减少的地区包括中国西南边境地区和中部晋陕豫三省交界地区、中东欧地区向东延伸的大部分地区、蒙古国及其北部的大部分地区。

3.1.3 降水年内分布

丝路共建地区气候类型多样：中南半岛主要属热带季风气候，马来半岛属热带雨林气候，印度尼西亚属热带雨林气候，菲律宾北部属海洋性热带季风气候、南部属热带雨林气候。南亚大部分地区属热带季风气候，一年分热季、雨季和旱季，全年高温。东亚是世界上季风气候最典型的地区，其特点是夏季炎热多雨，冬季温和湿润，降水的季节变化和年际变化大。西亚–中东地区主要的气候类型是热带沙漠气候和温带大陆性气候。不同气候类型降水年内分布不同，多年平均最大 4 个月降水量占全年的比例可以用来反映降水的集中程度。

丝路共建地区降水年内分布不均匀，降水多集中在 6~9 月，占全年降水量的 49.6%；丝路共建地区 7 月份降水最多，为 84.8mm，2 月份降水最少，为 27.4mm。南亚地区降水年内分布极不均匀，降水集中程度非常高，最大 4 个月降水发生在 6~9 月，占全年降水的 69.1%；11 月至次年 2 月降水最少，这一时期的降水水平和中亚地区全年月平均降水水平相当、与西亚–中东地区 11 月至次年 4 月的降水水平相当；降水最多的 7 月平均降水达到 209.5mm，而最少的 12 月份降水仅有 20.1mm。中蒙俄地区和西亚–中东地区降水季节性也较为明显，最大 4 个月降水占全年降水的比例分别为 54.6% 和 50.4%。东南亚地区全年降水丰富且季节分布较为均衡，最大 4 个月降水占全年的比例最低，仅为 39.1%。中亚地区和中东欧地区降水季节分布也较为均衡、集中程度较低，最大 4 个月降水占全年的比例均在 40% 左右。大部分地区降水多集中在 6~9 月，中东欧 5~8 月降水多，中亚地区 3~7 月降水最多，而西亚–中东地区降水主要集中在 12 月至次年 4 月。各分区降水年内分布和最大 4 个月降水占全年的比例见表 3-2。

空间分布上（图 3-6），大部分共建地区最大降水发生在 7~8 月，西亚–中东地区

表 3-2 不同分区降水年内分布

分区	月降水量/mm												最大4个月占全年比例/%
	1	2	3	4	5	6	7	8	9	10	11	12	
东南亚地区	158.1	137.7	163.5	177.8	213.9	216.5	233.2	234.4	227.6	212.0	184.8	173.1	39.1
南亚地区	22.6	25.6	34.4	42.2	58.9	130.2	209.5	186.4	122.0	59.3	26.6	20.1	69.1
西亚–中东地区	26.1	24.1	28.4	23.7	16.3	8.8	6.0	6.0	6.5	13.8	20.9	25.1	50.4
中东欧地区	43.7	39.5	42.6	47.9	65.7	77.2	73.4	60.6	58.5	52.8	52.2	51.1	41.6
中蒙俄地区	20.5	18.1	22.1	29.2	44.2	64.1	78.1	73.9	53.0	38.9	28.0	22.5	54.6
中亚地区	20.7	20.5	26.0	28.0	29.9	23.8	24.4	16.9	15.0	21.7	23.9	23.4	39.3
丝路共建地区	30.4	27.4	33.1	39.0	52.1	69.4	84.8	79.3	60.7	47.2	37.1	32.7	49.6

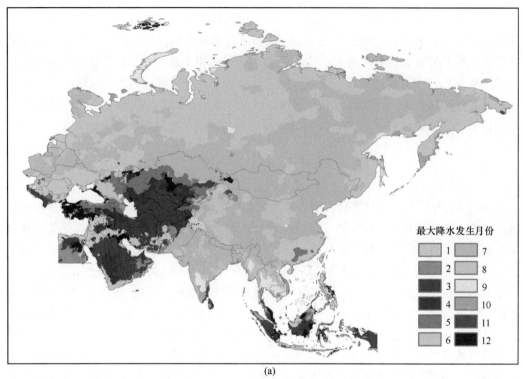

(a)

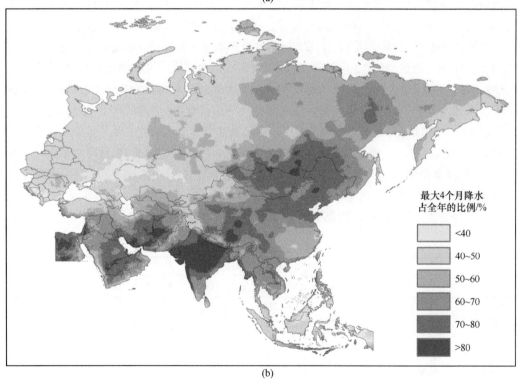

(b)

图 3-6　共建地区最大降水发生月份和最大 4 个月降水占比空间分布图

大部分国家、中亚地区除哈萨克斯坦北部以外的地区、南亚地区的阿富汗，以及东南亚地区的印度尼西亚最大降水发生在 3 月。从最大 4 个月降水占全年的比例角度看，印度半岛绝大部分地区占比超过 80%，西亚-中东地区、南亚地区和中蒙俄大部分地区占比在 50%～80%，而中东欧地区、中亚地区北部和俄罗斯西部大部分地区占比低于 50%。

总体而言，大部分共建地区降水年内分布不均、集中程度较高，这也是造成共建地区水旱灾害频发、水资源开发利用困难的主要原因之一。其中，印度是洪涝和干旱灾害最严重的国家。印度属于热带季风气候，夏季受西南季风影响，高温多雨；冬季受东北季风影响，高温干燥。全年高温，分旱雨两季。造成印度水旱灾害频发的原因包括：印度洋夏季盛行西南季风，西南季风带来大量水汽；印度北部是喜马拉雅山脉，印度处于山脉的迎风坡，雨季降水较多；在西南季风强烈的年份，会形成较大的洪涝；在西南季风很弱的年份，印度处于副热带高气压控制产生干旱。

3.2　水资源量

世界上各种自然资源中，淡水资源是用量最大的资源，各个国家的淡水资源受地理位置、气候等条件的影响，总量上具有明显的地域差异性。本节对共建地区水资源量及其变化趋势、地表水和地下水资源量、自产水和外来进行评价。厘清共建地区水资源基础，是绿色丝绸之路水资源承载力评价的关键基础和重要内容。

3.2.1　多年平均水资源量

在 FAO AQUASTAT 数据库中，涉及水资源总量的概念有可更新水资源总量（total renewable water resources，TRWR）和自产可更新水资源总量（total internal renewable water resources，IRWR），其中可更新水资源总量包括自产水和外来水。

统计一个区域的水资源量时，一般只统计当地的产水量，而区域外流入的水资源量并不计入。中国水资源调查评价和美国 1968 年第一次全国水评价时都采用了这一原则，但美国第二次全国水评价时又将外部来水量计算在水资源量中。本部分水资源评价中水资源量是指当地水资源量，即评价区内当地降水形成的地表、地下产水总量（不包括区外来水量），与 FAO AQUASTAT 数据库中自产可更新水资源总量（IRWR）对应。一些研究中容易造成概念混用，如杨艳昭等（2019）使用了可更新水资源总量（TRWR）评价水资源量，刘振伟和陈少辉（2020）使用了可更新水资源总量（TRWR）计算的人均量评价人均水资源量。

本部分评价的水资源指的是可更新淡水资源量，以多年平均量作为评价依据，用到的水资源数据来源于 FAO AQUASTAT 数据库（FAO，2016），其中黑山和塞尔维亚部分数据缺失；塞尔维亚数据使用 Eurostat 数据（Eurostat，2023）替换；黑山缺失数据根据"一带一路"径流深数据（贾绍凤，2020）结合国家面积、邻国水资源信息推算得到。

丝路共建地区水资源量占比较低，但却以世界 36%的水资源量养活着世界 63%的人口（图 3-7）。全球水资源量为 42.83 万亿 m³，共建地区水资源量为 15.25 万亿 m³，占全球水资源量的 36%。2015 年全球人口 73.75 亿人，丝路共建地区人口 46.44 亿人，占比高达 63%。分区来看，中蒙俄地区水资源量最多，水资源量为 7.16 万亿 m³；其次为东南亚地区、南亚地区，水资源量分别为 4.99 万亿 m³ 和 1.98 万亿 m³；西亚-中东地区、中东欧地区和中亚地区水资源量较少，分别为 0.49 万亿 m³、0.43 万亿 m³ 和 0.19 万亿 m³。

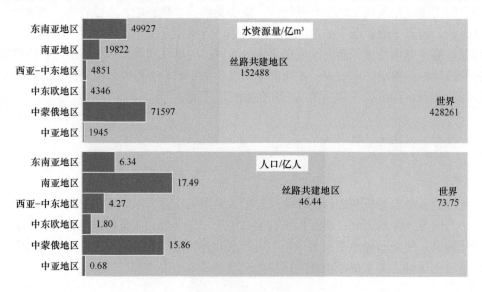

图 3-7　水资源量和人口占世界的比例

国别水资源量的多寡与国家平均降水量和国土面积直接相关。俄罗斯水资源量最多，达到 4.31 万亿 m³，占丝路全域水资源量的 28.3%；中国、印度尼西亚、印度、缅甸水资源量均超过 1 万亿 m³；水资源量最多的 10 个国家占丝路共建地区水资源量的 88.3%。水资源量最少的国家为科威特，境内几乎没有任何淡水；水资源量不足 10 亿 m³ 的国家还有巴林（0.04 亿 m³）、马尔代夫（0.3 亿 m³）、卡塔尔（0.56 亿 m³）、阿联酋（1.5 亿 m³）、新加坡（6 亿 m³）、约旦（6.82 亿 m³）、以色列（7.5 亿 m³）和巴勒斯坦（8.12 亿 m³）。

评价一个国家的水资源状况，不仅要考虑水资源总量，还应考虑人口因素，因此人均水资源量更能衡量一个国家或地区的缺水状况。根据人均水资源量指标，Falkenmark 等（1989）将水资源稀缺程度划分为四个等级：不缺水（>1700m³）、轻度缺水（1000～1700m³）、中度缺水（500～1000m³）、严重缺水（<500m³）。人均水资源量指标简单易用，但也存在未考虑生态用水、产业结构差异、水质、可开采性、时空分布等问题（贾绍凤等，2002），本部分仅从该指标进行总体判断，不作具体细分。

2015 年丝路全域人均水资源量为 3282m³，全球人均水资源量为 5807m³，丝路共建地区人均水资源量不足全球平均水平的 3/5。六大分区看（表 3-3），东南亚地区人均水资源量最多，为 7871m³；其次为中蒙俄地区，人均水资源量为 4514m³；中亚地区和中东欧地区水平相当，人均水资源量分别为 2840m³ 和 2416m³；西亚-中东地区和南亚地区水平相当，人均水资源量为 1135m³ 和 1133m³，整体处于轻度缺水状态。

　　各个地区多年平均水资源量变化很小，但人口变化较大，对人均水资源量的评价也会产生影响。对比 2005 年和 2015 年人均水资源量（表 3-3），丝路共建地区人均水资源量由 3647m³ 下降到 3282m³，10 年下降幅度达 12%。除中东欧地区外，其他 5 个分区人均水资源量均有所下降；西亚–中东地区和中亚地区人均水资源量下降幅度最大，分别下降了 18% 和 15%。中东欧人均水资源量略有上升，上升幅度为 3%。

　　从 2015 年人均水资源量空间分布来看（图 3-8），西亚–中东地区和南亚地区的大部分国家、中亚地区的乌兹别克斯坦和土库曼斯坦、中东欧地区的部分国家人均水资源量

表 3-3　不同分区人均水资源量　　　　　　　　　　　　　　　（单位：m³）

区域	人均水资源量	
	2005 年	2015 年
东南亚地区	8897	7871
南亚地区	1305	1133
西亚–中东地区	1387	1135
中东欧地区	2338	2416
中蒙俄地区	4751	4514
中亚地区	3327	2840
丝路共建地区	3647	3282
世界	6589	5807

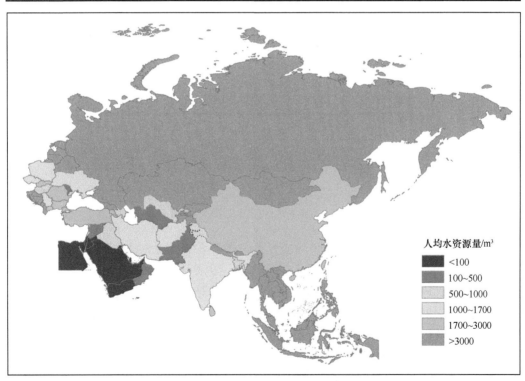

图 3-8　各共建国家人均水资源量分布图

较低，而东南亚地区、中蒙俄地区，以及中东欧地区的部分国家人均水资源量较高。南亚地区的不丹人均水资源量最多，高达 10.72 万 m^3；其次为俄罗斯和老挝，人均水资源量分别为 2.97 万 m^3 和 2.82 万 m^3。科威特、巴林、埃及、阿联酋、卡塔尔人均水资源量最少，均不足 $50m^3$。根据 Falkenmark 标准，丝路共建地区 65 个国家中，严重缺水的国家有 17 个，中度缺水的国家有 6 个，轻度缺水的国家有 7 个。

东南亚地区人均水资源量最多，高于世界平均水平，是丝路共建地区平均水平的 2.4 倍。东南亚地区 11 个国家中，有 7 个国家高于世界平均水平，9 个国家高于丝路共建地区平均水平（图 3-9）。老挝人均水资源量为 2.82 万 m^3，居东南亚地区第 1 位；其次为文莱、马来西亚和缅甸，人均水资源量也分别高达 2.05 万 m^3、1.92 万 m^3 和 1.90 万 m^3。东南亚地区人均水资源量最少的新加坡仅为 $107m^3$，居丝路共建国家第 55 位。四面环海的新加坡属于热带雨林气候，全年高温多雨，多年平均降雨量达到 2497mm。然而，由于没有大的河流与湖泊，同时受地形因素影响地表水快速流入海洋，储水能力不足，加上人口密度大，城市化水平高，致使新加坡面临严重缺水的困境。

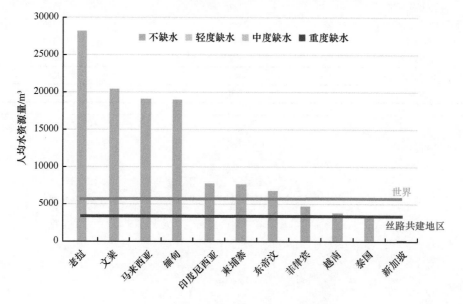

图 3-9　东南亚地区各国人均水资源量

中蒙俄地区人均水资源量次于东南亚地区，高于丝路全域平均水平，但低于世界平均水平。中蒙俄地区三国人均水资源量差距较大（图 3-10），主要受地理位置、气候、国土面积及人口等因素的影响。中国、蒙古国、俄罗斯水资源量分别为 28129 亿 m^3、348 亿 m^3、43120 亿 m^3，人均水资源量分别为 0.19 万 m^3、1.16 万 m^3、2.97 万 m^3。中国水资源总量较为丰富，居世界第五位，仅次于巴西、俄罗斯、加拿大和美国，但由于中国人口较多，人均水资源远低于世界平均水平。

中亚地区人均水资源量低于丝路全域平均水平。中亚地区 5 国均为内陆国，地处内陆，远离海洋，气候炎热干旱。土库曼斯坦和乌兹别克斯坦人均水资源量最少，分别为 252m^3 和 528m^3，远低于全域平均水平；哈萨克斯坦略低于丝路共建地区平均水平，为 0.37 万 m^3；而吉尔吉斯斯坦和塔吉克斯坦人均水资源量却很丰富，分别达到 0.82 万 m^3 和 0.75 万 m^3（图 3-10）。中亚沿线有两条重要的国际河流——阿姆河和锡尔河，位于河流上游的吉尔吉斯斯坦和塔吉克斯坦水资源比较丰富，位于下游的乌兹别克斯坦和土库曼斯坦水资源短缺严重。

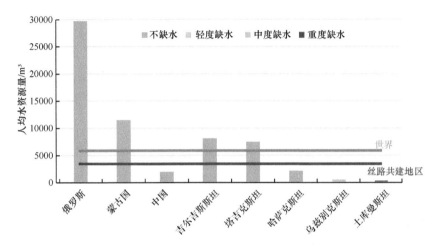

图 3-10　中蒙俄地区和中亚地区各国人均水资源量

中东欧地区人均水资源量略低于中亚地区。中东欧 19 个国家中，9 个高于丝路共建地区平均水平，其中 7 个高于世界平均水平。黑山以 1.98 万 m^3 位居中东欧地区首位，波黑和爱沙尼亚分别处于第 2、第 3 位，分别为 1.04 万 m^3 和 0.97 万 m^3；最少的摩尔多瓦和匈牙利，人均水资源量分别为 398m^3 和 614m^3（图 3-11）。

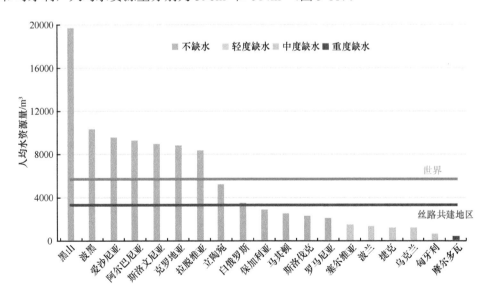

图 3-11　中东欧地区各国人均水资源量

南亚地区人均水资源量约为丝路全域平均水平的 1/3，世界平均水平的 1/5，且国家间差异显著（图 3-12）。不丹人均水资源量高达 10.72 万 m^3，居世界第 4 位、丝路共建国家第 1 位，仅次于北欧的冰岛、南美洲的圭亚那和苏里南。尼泊尔人均水资源量居南亚第 2 位，也达到 0.73 万 m^3。而南亚地区其他的 6 个国家人均水资源量均低于丝路共建地区平均水平，其中马尔代夫人均水资源量最低（66m^3），其次为巴基斯坦（276m^3）和孟加拉国（672m^3）。

西亚–中东地区人均水资源量与南亚基本相当（图 3-13）。西亚–中东地区气候炎热

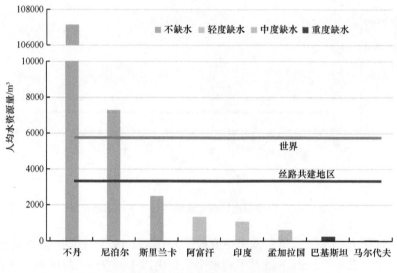

图 3-12　南亚地区各国人均水资源量

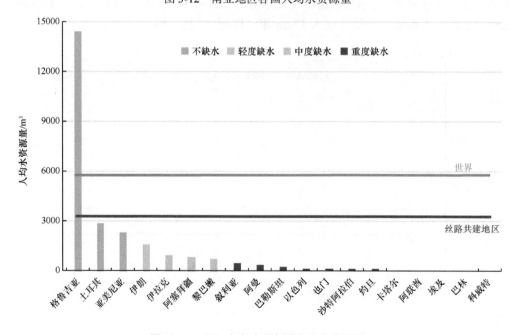

图 3-13　西亚–中东地区各国人均水资源量

干旱，绝大部分地区属热带和副热带，降雨少而不均。西亚–中东地区石油储量极其丰富，但是水资源却极为短缺。除格鲁吉亚（人均水资源量 1.45 万 m^3）外，大部分国家缺水都极为严重。西亚–中东地区 19 个国家中，18 个国家人均水资源量低于丝路全域平均水平，15 个国家人均水资源量不足 1000m^3，9 个国家不足 100m^3。人均水资源量最少的国家依次为科威特（0m^3）、巴林（3m^3）、埃及（11m^3）、阿联酋（16m^3）、卡塔尔（22m^3）。

3.2.2　地表水与地下水

水资源包括地表水和地下水。地表水资源量是指由当地降水形成的河流、湖泊、冰川等地表水体中可更新的水量。地下水资源量是指地下水中参与水循环的可更新水量，一般水资源评价中的"地下水"指浅层地下水。地表水和地下水之间既相互联系又相互转换，河川径流量中包括一部分地下水排泄量，地下水中也包括一部分地表水体的入渗补给量。水资源总量为当地降水形成的地表和地下产水量，即地表径流量与降水入渗补给地下水之和扣除二者的重复量。

丝路全域地表水资源量为 14.50 万亿 m^3，占水资源总量的 95.1%，地下水资源量为 3.87 万亿 m^3，占水资源总量的 25.3%；其中地表水与地下水资源重复量为 3.11 万亿 m^3，占水资源总量的 20.4%（图 3-14）。

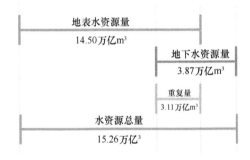

图 3-14　丝路全域水资源量构成

分区来看，比较干旱的西亚–中东地区和中亚地区地表水资源量占对应水资源总量的比例最低，分别为 82.3% 和 89.4%。相反，这两个地区地下水资源量占对应水资源总量的比例却是最高，分别为 34.0% 和 32.3%。比较湿润的东南亚地区和南亚地区地表水资源量占对应水资源总量的比例最高，分别为 96.8% 和 95.9%。中蒙俄地区地下水资源量占对应水资源总量的比例最低，为 22.7%。西亚–中东地区和中蒙俄地区重复水量占对应水资源总量的比例最低，分别为 16.3% 和 17.4%。中东欧地区重复水量占对应水资源总量的比例最高，为 24.9%。各分区地表水资源量、地下水资源量、重复量及其占水资源总量的比例见表 3-4。

表 3-4　不同分区水资源构成

分区	地表水资源		地下水资源量		重复量		水资源总量/亿 m³
	总量/亿 m³	占水资源总量/%	总量/亿 m³	占水资源总量/%	总量/亿 m³	占水资源总量/%	
东南亚地区	48350	96.8	13249	26.5	11672	23.4	49927
南亚地区	19010	95.9	5547	28.0	4735	23.9	19822
西亚–中东地区	3992	82.3	1650	34.0	791	16.3	4851
中东欧地区	4081	93.9	1349	31.0	1084	24.9	4346
中蒙俄地区	67807	94.7	16229	22.7	12439	17.4	71597
中亚地区	1740	89.4	627	32.3	422	21.7	1945
丝路共建地区	144980	95.1	38651	25.3	31143	20.4	152488
世界	412048	96.2	106769	24.9	90556	21.1	428261

从国家分布看（图 3-15），丝路大部分共建国家地表水资源量占水资源量的比例较高，地下水资源量占比较高的国家主要分布在西亚–中东地区。匈牙利、巴基斯坦、马尔代夫、卡塔尔、阿曼、沙特阿拉伯和巴勒斯坦地下水资源量占水资源量的比例较高，均超过 90%。

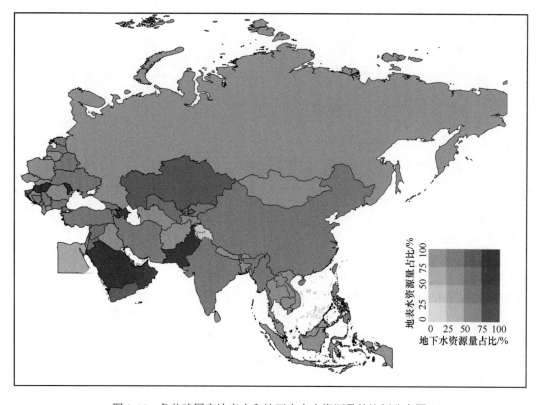

图 3-15　各共建国家地表水和地下水占水资源量的比例分布图

3.2.3 自产水与外来水

从国家或次区域尺度来看，一个地区的水资源按其来源可分为自产水与外来水两部分。外来水以跨境河流入境水为主，也包括调水等其他外部来水。

根据联合国环境署的报告，世界上跨境流域共有 286 个，共享这些流域的国家有 151 个（UNEP-DHI and UNEP，2016）。其中丝路共建国家涉及的跨境流域有 111 个。跨境水资源的合理利用、有效保护和协调管理等，直接维系着地区和全球的供水安全、粮食安全和社会稳定（严家宝等，2021）。多数共建国家以自产水为主，同时也有不少国家依靠外来水。外来水占水资源的比例反映了一个国家和地区对境外水资源的依赖程度，同时也是跨境河流水资源评估中的一个重要指标（何大明等，2014）。

FAO AQUASTAT 数据库中，提供了外来水依赖率（dependency ratio）指标，该指标的计算公式（FAO，2005）为

$$DR = \frac{EWR}{(IRWR+EWR)} \times 100\% \tag{3-1}$$

$$EWR = SW_{In}^{t} + SW_{In}^{nt} + SW_{BRiver} + SW_{BLake} + GW_{In} \tag{3-2}$$

式中，DR 表示外来水依赖率，EWR 表示外来水，IRWR 表示本地自产水，SW_{In}^{t} 表示与邻国达成协议的地表水流入量，SW_{In}^{nt} 表示未有协议保护的地表水流入量，SW_{BRiver} 表示界河认定水量，SW_{BLake} 表示界湖认定水量，GW_{In} 表示地下水流入量。

一些共建国家自产水资源比例较高，外来水依赖率极低，如中国和俄罗斯，中东欧地区的爱沙尼亚、保加利亚、波黑，东南亚的缅甸，西亚–中东地区的伊朗、格鲁吉亚等国家。另一些国家几乎没有外来水，外来水依赖率为 0，包括：蒙古国，东南亚地区的印度尼西亚、马来西亚、菲律宾、文莱、东帝汶，南亚的不丹、斯里兰卡、马尔代夫，西亚–中东地区的沙特阿拉伯、也门、阿曼，以及中东欧地区的捷克。

然而，仍然有很多国家外来水依赖率很高，集中分布在中东欧和西亚–中东地区，以及中亚地区、南亚地区和东南亚地区的小部分国家。有 21 个共建国家外来水依赖率超过 50%（图 3-16），8 个国家位于中东欧，7 个国家位于西亚–中东地区，中亚地区、东南亚地区、南亚地区国家各 2 个。西亚–中东地区的科威特、埃及和中亚的土库曼斯坦外来水依赖率最高，分别为 100%、98% 和 97%；紧随其后的是西亚–中东地区的巴林、中东欧地区的匈牙利和塞尔维亚、南亚的孟加拉国，外来水依赖率也均超过 90%。这些国家外来水依赖率高一方面反映了国家自产水的相对匮乏，如科威特、埃及和巴基斯坦等；另一方面，受地形与河流分布的影响，国家境内有众多外部河流的流入，如中东欧地区的多瑙河流域，众多支流遍布多数国家，入境水便成了中东欧地区绝大多数国家的主要水源。值得注意的是东南亚地区的柬埔寨和越南外来水依赖率也分别达到了 75% 和 59%，主要是由于两国位于国际河流下游导致，柬埔寨位于湄公河下游，越南位于湄公河和红河下游。

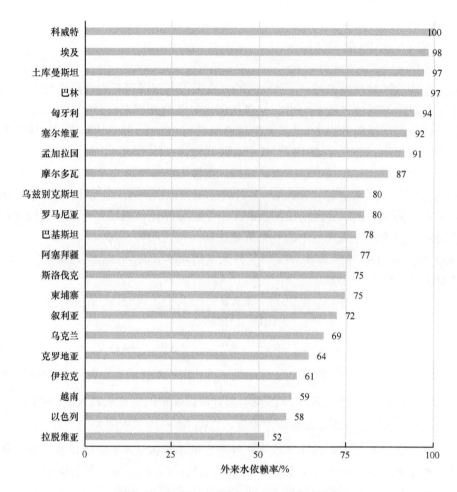

图 3-16 外来水依赖率超过 50%的共建国家

3.2.4 水资源量变化趋势

假定径流系数相对稳定，利用全球径流系数产品数据（Beck et al.，2015），结合 MSWEP 降水系列数据（Beck et al.，2019），估算 1981～2020 年水资源量。各共建国家多年平均水资源量的估算值与 FAO AQUASTAT 数据的对比如图 3-17 所示，其中相对偏差较大的有科威特（FAO：0km³—估算：0.03km³）、土库曼斯坦（1.41—3.78 km³）、蒙古国（34.8—77.66km³）、马尔代夫（0.03—0.00025km³）、文莱（8.5—15.67km³）、印度尼西亚（2018.7—3630.49km³）、伊拉克（35.2—8.04 km³）、塞尔维亚（13.5—22.97 km³），相对偏差超过 70%。根据估算结果，丝路共建地区多年平均总水资源量为 16.42 万亿 m³，对应的 FAO 多年平均水资源量为 15.25 万亿 m³，相对偏差为 7.67%。

根据估算，1981～2020 年，丝路共建地区水资源量呈上升趋势［（235.9±85.3）亿 m³/a］，且上升趋势显著（图 3-18）。六个分区中，仅有西亚–中东地区水资源呈下降趋势，其他分区均呈上升趋势（表 3-5）。西亚–中东地区水资源量略有下降，下降速率为

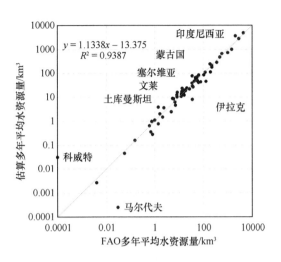

图 3-17 各共建国家多年平均水资源量的估算值与 FAO 数据对比

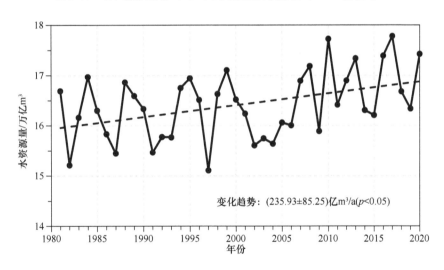

图 3-18 水资源量变化趋势

表 3-5 不同分区水资源量变化趋势

区域	多年平均水资源量/亿 m³	水资源量变化趋势/（亿 m³/a）
东南亚地区	63574	103.76 ± 74.40
南亚地区	14060	24.31 ± 12.68
西亚–中东地区	3119	−4.26 ± 3.95
中东欧地区	4580	6.96 ± 5.38
中蒙俄地区	76898	105.11 ± 32.86 *
中亚地区	1960	0.05 ± 2.83
丝路共建地区	164190	235.93 ± 85.25 *

*代表趋势统计显著（$p<0.05$）。

（-4.26±3.95）亿 m³/a，下降趋势不显著。中蒙俄地区和东南亚地区上升速率较快，上升速率分别为（105.11±32.86）亿 m³/a 和（103.76±74.40）亿 m³/a，其中中蒙俄地区上升趋势最为显著。南亚地区、中东欧地区和中亚地区水资源量略有上升，且上升趋势不显著。

3.3 非常规水资源

在水资源极度匮乏的国家（如阿联酋、沙特阿拉伯、科威特等），常规水资源已经无法满足当地居民的生产生活用水需求，开发利用非常规水源是解决水资源短缺问题的根本途径。

非常规水源区别于传统意义上的水资源（地表水、地下水），主要有再生水、集蓄雨水、淡化海水、微咸水、矿坑水等，其特点是经过适当处理后，达到一定的水质指标，能够满足不同的用水需求，在一定程度上可以替代常规水资源。非常规水源的开发利用方式主要有再生水利用、雨水利用、海水淡化和海水直接利用、人工增雨、矿井水利用、苦咸水利用等。考虑到数据的可获得性，本次评价仅针对淡化水，数据来源于 FAO AQUSTAT 数据库（FAO，2016）。

海水淡化，是指利用海水脱盐技术生产淡水。海水淡化是解决水资源短缺的重要途径，愈来愈得到一些沿海国家的高度重视，海水淡化技术快速发展。

2022 年，全球有超过 21000 个海水淡化厂在运营（IFRI，2022）。沙特阿拉伯是目前全球最大的海水淡化生产国，2010 年产量达到 11 亿 m³。世界海水淡化的产量大约是 5000 万 m³/日；其中，中东地区占 55%，美国占 15%，欧洲占 9%，亚洲占 8%（穆莹和王金丽，2020）。随生产规模扩大及技术进步，海水淡化成本逐渐降低（郇松桦和刘秀丽，2022）。近年来，在海湾地区的超大型厂房（每天产量超过 50 万 m³）中，淡化水的生产成本已降至每立方米 50 美分以下；在 Yanbu IV 厂，每立方米成本为 0.47 美元；在 Sorek II 厂则为 0.32 美元（IFRI，2022）。

2015 年，FAO AQUASTAT 数据库中，丝路共建国家有 25 个国家有淡化水资源，这些国家主要分布在西亚-中东地区。西亚-中东地区的阿联酋和沙特阿拉伯、中亚地区的哈萨克斯坦淡化水资源量最多，分别为 20.05 亿 m³、18.40 亿 m³、11.90 亿 m³；淡化水量较多的国家还有卡塔尔（5.328 亿 m³）、以色列（5.03 亿 m³）、科威特（4.202 亿 m³）。

根据各国淡化水量和可更新水资源总量，计算淡化海水所占比例，即淡化水量与自产水量、外来水量、淡化水量之和的比值。科威特、阿联酋和卡塔尔淡化海水占比最高，均超过 90%；淡化水所占比例相对较高的还有巴林（68%）、沙特阿拉伯（43%）、马尔代夫（32%）、以色列（22%）、阿曼（15%）、约旦（12%）。

分析 5 个重要共建国家淡化水量随时间的变化，结果如图 3-19 所示。阿联酋淡化水从 1990 年的 1.63 亿 m³ 快速增长到 2019 年的 19.94 亿 m³；其中 2000～2007 年增速较快，增长了 294%，年均增长 1.4 亿 m³；近 10 年增速有所放缓，淡化水增长了 20%，年均增长 0.36 亿 m³。沙特阿拉伯淡化水从 1980 年的 0.08 亿 m³ 增长到 2019 年的 21.37

亿 m³；近 10 年仍保持较高增速，淡化水增长了 55%，年均增速 0.95 亿 m³。从哈萨克斯坦数据看，哈萨克斯坦淡化水经历了 2 次跳跃式减少，分别在 2000 年和 2018 年，因数据序列可能不可靠，也未能查到相关原因。卡塔尔淡化水从 1990 年的 0.65 亿 m³ 增长到 2019 年的 6.68 亿 m³；近 10 年用水增长了 90%，年均增长 0.36 亿 m³。以色列淡化水从 1990 年的 0.256 亿 m³ 增长到 2019 年的 6.45 亿 m³；近 10 年用水增长了 144%，年均增长 0.45 亿 m³。

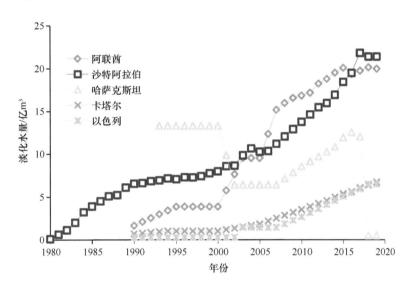

图 3-19　几个重要共建国家淡化海水量变化

3.4　水资源可利用量

降水形成的水资源分别以地表水和地下水的形式存在于河流、湖泊等地表水中和地下水系统中。除了可供人类经济社会活动使用的水量外，还有相当大的水量需要用来维护河流水系和地下水生态环境系统的良性运行。水资源可利用量是从资源开发利用和生态环境保护的角度来分析一个地区可能被控制消耗利用的最大水资源量。

3.4.1　水资源可利用量的概念及估算方法

根据我国水资源评价中的定义：水资源可利用量是以流域为单元，在保护生态环境和水资源可持续利用的前提下，在可预见的未来，通过经济合理、技术可行的措施，在当地水资源中可供河道外开发利用的最大水量（按不重复水量计）。因此，一个区域水资源量可划分为三个部分：一是由于技术手段和经济因素等原因尚难以被利用的汛期洪水和地下水；二是为维系河流生态环境系统功能而必须维持的基本生态环境需水量；三是可供人类经济社会活动使用的不重复最大水量，即水资源可利用量。

水资源可利用量受自然条件、用水需求、地缘政治因素的影响，导致各个国家对水资源可利用量的定义和统计口径并不一致（WMO，2012）。在国外文献中，与水资源可利用量等价的概念有可利用水资源（exploitable water resources）、可控制水资源（manageable water resources）、水资源开发潜力（water development potential）等（WMO，2012）。翻译上与水资源可利用量相近但意义不同的概念有 water availability（WA），WA 一般指自产水资源量，与国内水资源评价中的水资源总量等价，与 FAO AQUASTAT 数据库中的自产可更新水资源总量等价。一些研究中 WA 表示水资源量扣除生态环境需水量后的量，可认为是水资源可利用量的理论上限。

传统水资源可利用量的估算方法依赖大量观测和调查数据的支撑，一般研究（Henriksen et al.，2008；Pedro-Monzonís et al.，2015；李煜连等，2022；邴建平等，2023）只针对中小流域或独立水系开展。中国第二次水资源调查评价中也是以流域或独立水系为单元，共选择了 115 个水系，依据观测和调查数据对小区域进行估算，最后汇总出水资源二级区、一级区和全国水资源可利用量结果（水利部水利水电规划设计总院，2014）。

目前国内外尚未发现大尺度大范围水资源可利用量估算方法的研究。世界范围内，FAO AQUASTAT 数据库中仅有 64 个国家有水资源可利用量统计资料。本研究基于 FAO AQUASTAT 数据库和中国部分流域的水资源可利用量统计资料，探索水资源可利用量估算方法。

由于各个国家水资源条件不同，水资源可利用量也差别较大，为了降低数量级的影响，研究中先估算水资源可利用率，然后再换算成水资源可利用量。另外，由于很多共建国家位于跨境河流的下游，水资源依赖率较高，因此本次估算中水资源量包括自产水和外来水。水资源可利用率的关系式为

$$AWRR = \frac{AWR}{(IRWR+EWR)} \times 100\% \tag{3-3}$$

式中，AWRR 表示水资源可利用率，AWR 表示水资源可利用量，IRWR 表示自产水量，EWR 表示外来水量。

水资源可利用率与一个地区的干湿条件和社会经济发展水平有关。本研究中使用干旱指数（aridity index，AI）表示地区干湿条件，使用人类发展指数（human development index，HDI）衡量国家和地区的社会经济发展水平。本研究中各个国家的干旱指数是根据 CGIAR-CSI 发布的干旱指数第二版产品（Antonio and Robert，2019）计算得到。值得注意的是，该产品是降水和参考作物蒸散发的比值，与常规干旱指数正好相反，因此该产品干旱指数越大越湿润，干旱指数越小越干旱。人类发展指数是根据 Kummu 等（2018）发布的空间分布数据集计算得到。该套数据未覆盖马尔代夫地区，经对比发现该套数据与 FAO AQUASTAT 数据库中的人类发展指数基本一致，因此马尔代夫人类发展指数使用 FAO AQUASTAT 数据替代。

经过不同模型的对比，最终选定拟合结果相对较好（图 3-20）且通过显著性检验（$p<0.01$）的模型，水资源可利用率估算模型为

$$AWRR = a \times \log_{10}(b \times AI) \times \exp^{c \times HDI} + d \times HDI + e \qquad (3\text{-}4)$$

式中，a、b、c、d、e 为参数，AI 和 HDI 为干旱指数和人类发展指数。本研究选用 26 个中国流域数据和 49 个国家数据，拟合模型，最终求得参数解为 $a = -0.00851$；$b = 9.84620$；$c = 4.71698$；$d = 1.44979$；$e = -0.42913$。

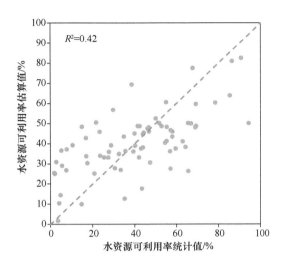

图 3-20 水资源可利用率统计值与模型估算值对比

图 3-21 表示最终拟合的二元模型空间，反映水资源可利用率与干旱指数、人类发展指数的关系。可以看出，一个地区越干旱、社会经济越发达，水资源开发利用率越高；干旱地区，社会经济发展程度由低到高时，水资源可利用率也由低到高；社会经济发展程度较高的地区，水资源从干旱地区到湿润地区，水资源可利用率由高到低。

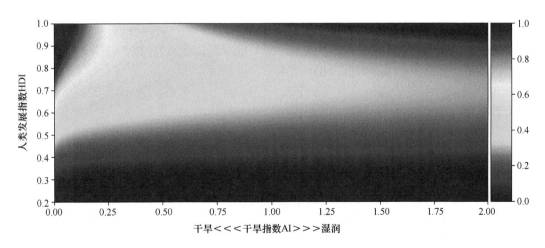

图 3-21 水资源可利用率与干旱指数、人类发展指数的关系

根据拟合的模型及各个国家的干旱指数和人类发展指数，可以计算出各个国家的水

资源可利用率，然后计算出水资源可利用量。然而，由于水资源可利用量不能挤占生态环境用水，所以还需要根据生态环境需水量信息对结果进行修正。

本研究用到的生态环境需水量信息也来自于 FAO AQUASTAT 数据库，其数据来自于国际水管理研究所（International Water Management Institute，IWMI）发布的全球环境流量信息系统，该系统生态环境需水计算方法见 Sood 等（2017）的报告。

FAO AQUASTAT 数据库中生态环境需水量存在数据缺失的情况，65 个丝路共建国家中，有 10 个国家数据缺失，主要是西亚–中东地区国家和一些小国如马尔代夫、新加坡等。本研究中，利用 FAO 现有国家数据简单建立生态环境需水量占可更新水资源总量（即自产水+外来水）的比例与降水深之间的关系（图 3-22），根据拟合曲线对缺失国家数据进行插补。

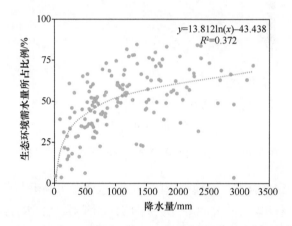

图 3-22　生态环境需水量所占比例与降水量之间的关系

经检查发现，有 10 个国家可利用水资源量挤占了部分生态环境需水量，其中 7 个国家位于西亚–中东地区，分别为巴林、阿联酋、卡塔尔、沙特阿拉伯、科威特、以色列和阿曼。另外 3 个国家为蒙古国、斯里兰卡和俄罗斯，这三个国家生态环境需水量所占比例较高，分别为 61%、73% 和 65%。

3.4.2　水资源可利用量估算成果

经估算，丝路共建国家水资源总量（包括自产水和外来水）中，水资源可利用量为 6.82 万亿 m^3，占比（即水资源可利用率）为 34.8%；生态环境需水量 10.59 万亿 m^3，占比 54.0%；难以利用的水量为 2.19 万亿 m^3，占比 11.2%（表 3-6）。分区来看，从水资源可利用率角度，水资源量比较匮乏的中亚地区和西亚–中东地区水资源可利用率最高，分别为 56.2% 和 54.8%；水资源相对比较丰富的东南亚地区和南亚地区水资源可利用率最低，分别为 29.1% 和 31.8%。生态环境需水量占比的角度，中蒙俄地区和东南亚地区生态环境需水量占比最高，分别为 60.1% 和 54.4%；水资源匮乏的西亚–中东地区和中亚地区生态环境需水量占比最低，分别为 28.0% 和 31.0%。南亚地区、西亚–中东地区和东南亚地区难以利用的水量所占比例相对较高，分别为 19.7%、17.1% 和 16.5%；中蒙俄地区和中东欧地区难以利用的水量较低，分别为 2.0% 和 9.2%。

表 3-6　不同分区水资源可利用量成果统计表

分区	水资源总量（自产水+外来水）/亿 m³	水资源可利用量		生态环境需水量		难以利用水量	
		水量/亿 m³	占比/%	水量/亿 m³	占比/%	水量/亿 m³	占比/%
东南亚地区	63951	18596	29.1	34789	54.4	10566	16.5
南亚地区	37911	12055	31.8	18381	48.5	7475	19.7
西亚–中东地区	6329	3469	54.8	1775	28.0	1085	17.1
中东欧地区	11659	4740	40.7	5843	50.1	1075	9.2
中蒙俄地区	74005	28097	38.0	44452	60.1	1456	2.0
中亚地区	2276	1280	56.2	706	31.0	289	12.7
丝路共建地区	196131	68237	34.8	105946	54.0	21948	11.2

从国家尺度看，水资源可利用率较高的国家主要分布在西亚–中东地区，水资源可利用率较低的国家主要位于东南亚地区和南亚地区（图 3-23 和图 3-24）。水资源可利用率最高的 20 个国家中，15 个国家位于西亚–中东地区、3 个位于中亚、2 个位于中东欧地区；干旱且社会经济发达的地区，水资源开发利用率高，如沙特阿拉伯、卡塔尔、阿

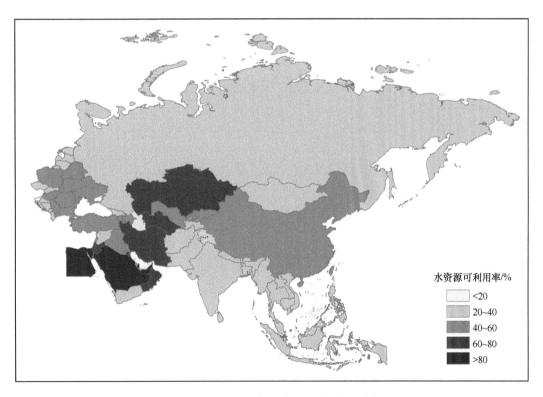

图 3-23　各共建国家水资源可利用率分布图

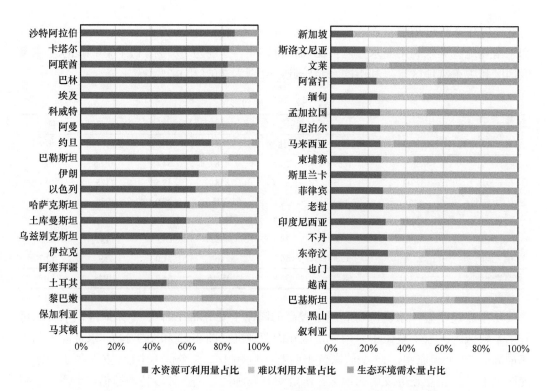

图 3-24 水资源可利用量占水资源总量比例最多和最少的 20 个国家

联酋、巴林、埃及水资源可利用率最高，超过 80%。水资源可利用率最低的 20 个国家中，10 个国家位于东南亚地区、6 个国家位于南亚地区、中东欧国家和西亚–中东地区国家各 2 个；东南亚地区的新加坡和文莱、中东欧地区的斯洛文尼亚水资源可利用率最低，均不足 20%。

第4章　水资源开发利用情况

水资源是人类社会不可或缺的重要资源，其最大价值在于其可利用性。对于一些缺水国家来说，如何提高水资源的利用率，使有限水量最大地发挥作用，是这些国家当前所面临的一个难题。取水量是衡量一个国家经济发展和国民生活基本用水状况的重要指标。在水资源丰富的地区，取水量往往低于甚至远远低于国家自产水资源量。然而，在气候干旱、水资源匮乏的地区，用水量往往接近国家自产水资源量，有的国家可更新水资源甚至不能满足国民发展需要。这表明，虽然取水量与水资源丰富程度有关，但其水资源利用率与经济社会发展需要密切相关。

本章从水资源消耗端对丝路共建地区的水资源开发利用进行计算、分析和评价，主要包括丝路共建地区总用水量和行业用水量的现状和变化态势分析、耗水量和耗水率分析、水资源开发利用程度评价、用水水平和用水效率的分析及评价。

4.1　水库概况

水库是防洪减灾、保障供水和农业灌溉的重要设施，通过科学的管理和调度，可以充分发挥其作用，实现灌溉和供水的可持续发展。全球水库地理参考数据库（GOODD）（Mulligan et al.，2020）提供了全球 38667 个大中型水库/大坝的地理空间坐标。全球大坝和水库数据库（GRanD）（Lehner et al.，2011）提供了全球高度超过 15m 或水库大于 1 亿 m^3 的 7320 个水坝的位置和属性数据，包括名称、建成时间、库容、面积等。

丝路共建地区大中型水库有 18777 个，占世界的 48.6%；大型水库有 2065 个，占世界的 28.2%。中蒙俄地区水库数量最多，大中型水库和大型水库分别占丝路共建地区的 50.3% 和 47.4%；其次为南亚地区，大中型水库和大型水库分别占丝路共建地区的 37.5% 和 18.5%。

蓄水工程的总库容是反映蓄水工程规模的主要特征值。从大型水库的总库容来看，丝路共建地区总库容为 29177 亿 m^3，占世界的 42.4%；中蒙俄地区总库容为 15824 亿 m^3，占丝路共建地区的 54.2%；其次分别为西亚-中东地区、南亚地区、东南亚地区、中亚地区和中东欧地区，分别占丝路共建地区的 17.8%、10.8%、8.8%、5.2% 和 3.2%。

从人均库容来看，丝路共建地区人均库容为 628m³，为世界水平的 2/3。中亚地区人均库容最多，达到 2224m³；其次为西亚-中东地区、中蒙俄地区和中东欧地区，人均库容分别为 1213m³、998m³ 和 516m³；南亚地区和东南亚地区人均库容最少，分别为 180m³ 和 404m³。

一个地区总库容与水资源量的比值大小，能体现水利工程对地区水资源的调蓄控制能力。丝路共建地区总库容与水资源量的比值为 19%，略高于世界水平。西亚–中东地区总库容为水资源量的 107%，比率最高；其次为中亚地区，比率也达到 78%；中蒙俄地区和中东欧地区基本相当，分别为 22%和 21%；东南亚地区和南亚地区总库容与水资源量的比值最低，分别为 5%和 16%，水资源调蓄控制能力最弱。丝路共建地区不同分区水库统计信息见表 4-1。

从丝路共建地区大型水库的空间分布看（图 4-1），共建地区超过 1000 亿 m³ 的大型

表 4-1　不同分区大中型水库统计

	大中型水库数量[1]/个	大型水库数量[2]/个	总库容[3]/亿 m³	人均库容/m³	总库容与水资源量的比值/%
东南亚地区	947	147	2565	404	5
南亚地区	7046	381	3151	180	16
西亚–中东地区	531	242	5186	1213	107
中东欧地区	635	282	928	516	21
中蒙俄地区	9451	979	15824	998	22
中亚地区	167	34	1523	2224	78
丝路共建地区	18777	2065	29177	628	19
世界	38667	7320	68810	933	16

1 数据来源于 GOODD；2 数据来源于 GRanD；3 根据 GRanD 统计的大型水库库容。

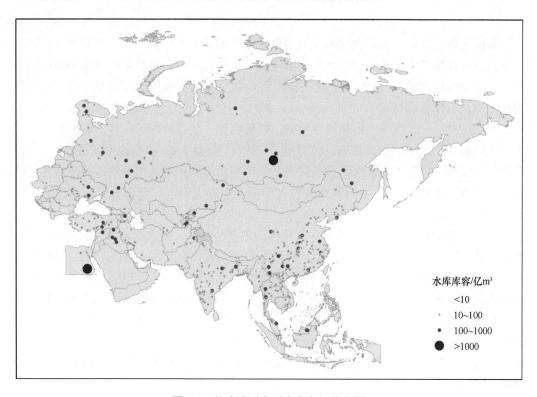

图 4-1　共建地区大型水库空间分布图

水库有 2 个，第一个是位于俄罗斯的叶尼塞河支流安加拉河上的布拉茨克水库，为世界第一大人工水库，总库容 1690 亿 m^3；第二个是位于埃及的尼罗河干流上的阿斯旺水坝，是一座大型综合利用水利枢纽工程，总库容 1620 亿 m^3。库容在 100 亿～1000 亿 m^3 的大型水库有 57 个，主要分布在俄罗斯、中国和西亚–中东地区。库容在 1 亿～100 亿 m^3 的水库主要分布在中国东部和南部、印度、中东欧地区。

4.2　用水量

用水量是指各类用水户取用的包括输水损失在内的毛水量之和。用水量是一个国家水资源利用情况的重要指标，不仅影响到国家的经济发展和人民的生活水平，还关系到环境的健康和可持续发展。用水量大的地区一般代表着经济活动的繁荣和人民生活水平的较高水平。本研究中现状用水量数据来源于 FAO AQUASTAT 数据库，AQUASTAT 统计了三大用水部门的用水量：农业用水量、工业用水量和生活用水量。区域用水变化是根据 Huang 等（2018）重建的用水数据集统计得到。主要国家用水变化分析中：中国数据来自中国水资源公报；其他国家数据来自 Yan 等（2022）发布的用水估算数据集。

4.2.1　现状用水量

2015 年丝路共建地区总用水量为 26888 亿 m^3，其中农业用水量 21663 亿 m^3，占总用水量的 80.6%；工业用水量 2623 亿 m^3，占总用水量的 9.6%；生活用水量 2600 亿 m^3，占总用水量的 9.7%。

从丝路共建地区用水占比看，丝路共建地区总用水量占世界总用水量的 67.4%，丝路共建国家和地区农业用水量占总农业用水量的 75.4%，丝路共建国家和地区工业用水量占总工业用水量的 40.9%，生活用水量占总生活用水量的 54.5%。表明丝路共建地区以农业为主，是世界上农业用水最密集的地区；工业发展相对落后，工业用水所占比例较低。

各地区中，南亚地区总用水量最多，为 10235 亿 m^3，占丝路共建地区的 38.1%，中蒙俄地区次之，中东欧地区总用水量最少，仅 517 亿 m^3，仅占丝路共建地区的 1.9%。南亚地区农业用水量最多，为 9328 亿 m^3，占丝路共建地区农业用水的 43.1%；东南亚地区和中蒙俄地区次之，分别为 4274 亿 m^3 和 4030 亿 m^3；中东欧地区农业用水量最少，为 89 亿 m^3，仅占丝路共建地区农业用水的 0.4%。中蒙俄地区工业用水量最多，为 1622 亿 m^3，占丝路共建地区工业用水的 61.8%；其次为中东欧地区、东南亚地区和南亚地区；中亚和西亚–中东地区工业用水量最少，分别为 96 亿 m^3 和 99 亿 m^3。中蒙俄地区生活用水最多，为 959 亿 m^3，占丝路共建地区生活用水的 36.9%；中亚地区生活用水最少，为 61 亿 m^3，占丝路共建地区生活用水的 2.3%。各地区 2015 年用水量见表 4-2。

表 4-2　不同分区用水量　　　　　　　（单位：亿 m³）

区域	农业用水量	工业用水量	生活用水量	总用水量
东南亚地区	4274	290	408	4972
南亚地区	9328	202	704	10235
西亚-中东地区	2889	99	353	3341
中东欧地区	89	314	115	517
中蒙俄地区	4030	1622	959	6610
中亚地区	1053	96	61	1213
丝路共建地区	21663	2623	2600	26888
世界	28717	6420	4771	39922

　　从分区用水结构上看（图 4-2），除中东欧地区外，其他 5 个分区均以农业用水为主。南亚地区、中亚地区、西亚-中东地区、东南亚地区农业用水占比均超 85%，中蒙俄地区农业用水占比 61%，而中东欧地区农业用水仅占 17.3%。中东欧地区工业用水占比最高，工业用水占比为 60.7%；其次为中蒙俄地区，占比 24.5%；其他 4 个分区工业用水占比均不足 10%，其中南亚地区和西亚-中东地区占比最少，分别占 2% 和 3%。中东欧地区生活用水占比也最高，为 22.3%；其次为中蒙俄地区和西亚-中东地区，分别为 14.5%和 10.6%。

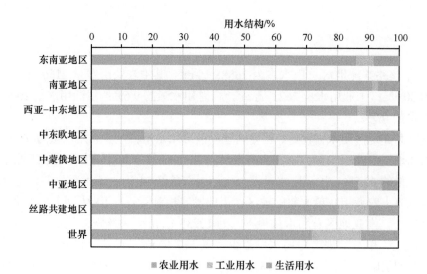

图 4-2　各分区用水结构

　　从国家尺度看，印度用水量最多，总用水量为 7610 亿 m³，占丝路共建地区总用水量的 28.3%；中国次之，总用水量为 5981 亿 m³，占丝路共建地区总用水量的 22.2%；印度尼西亚、巴基斯坦用水量也超过了 1000 亿 m³（图 4-3）。用水量最少的国家为马尔代夫，用水量仅为 590 万 m³；其次为文莱（1.43 亿 m³）、黑山（1.61 亿 m³）、拉脱维亚（1.77 亿 m³）。这些国家面积较小且人口稀少，因而用水量也较少。

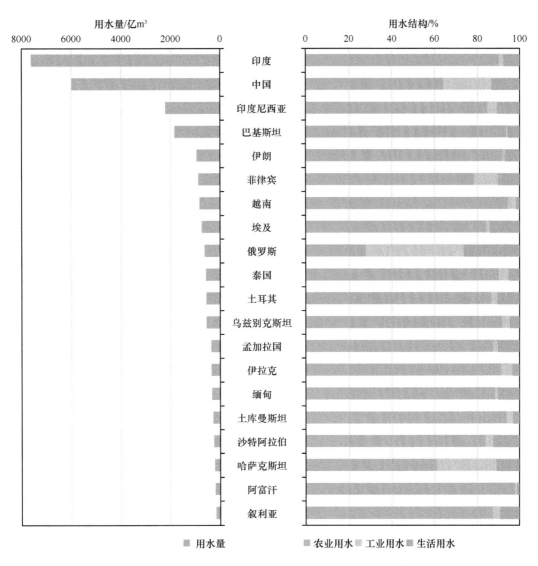

图 4-3　用水量最多的 20 个共建国家用水量及用水结构

农业用水较多的国家位序与总用水量位序一致。印度依然位居首位，2015 年农业用水量为 6880 亿 m³，占丝路共建地区总农业用水量的 31.8%；中国次之，农业用水量为 3852 亿 m³，占 17.8%。同样的，马尔代夫农业用水量最少且为 0；紧随其后的依次为文莱、黑山、斯洛文尼亚、爱沙尼亚，农业用水量均不足 1000 万 m³。

丝路共建国家中，中国的工业用水最多，为 1335 亿 m³，占丝路共建地区总工业用水量的 50.9%；而位列第二、三、四位的俄罗斯、印度、印度尼西亚工业用水也远远低于中国，分别为 285.8 亿 m³、170.0 亿 m³ 和 105.5 亿 m³。马尔代夫、东帝汶、不丹、文莱工业用水最低，不足 500 万 m³，最少的马尔代夫仅为 30 万 m³。

丝路共建地区人口最多的中国、印度、印度尼西亚生活用水最多，2015 年生活用水分别为 794 亿 m³、560 亿 m³ 和 229 亿 m³；俄罗斯、埃及、巴基斯坦、菲律宾紧随其后。马尔代夫生活用水最少，为 560 亿 m³；其次为不丹、爱沙尼亚、蒙古国、拉脱维亚、黑山、柬埔寨、东帝汶，生活用水不足 1 亿 m³。

从国家不同用水比重上看，农业用水比重较高的国家主要位于南亚地区和东南亚地区，农业用水比重最高的 10 个国家中，4 个位于南亚、3 个位于东南亚、2 个位于中亚地区、1 个位于西亚–中东地区。农业用水比重超过 90% 的国家有 17 个，超过 80% 的国家有 28 个；农业用水比重低于 30% 的国家有 22 个，低于 10% 的国家有 11 个。农业用水比重最高的 10 个国家依次为阿富汗、尼泊尔、老挝、越南、土库曼斯坦、不丹、柬埔寨、巴基斯坦、吉尔吉斯斯坦和伊朗，农业用水最高的阿富汗农业用水占比 98.2%；农业用水比重最低的 10 个国家依次为马尔代夫、文莱、爱沙尼亚、斯洛文尼亚、黑山、捷克、波黑、新加坡、摩尔多瓦和斯洛伐克。

工业用水较高的国家绝大部分分布在中东欧地区，工业用水比重最高的 10 个国家中，前 9 个来自中东欧地区，东南亚地区的新加坡位列第 10 位。工业用水比重超过 50% 的国家也仅有 10 个，低于 10% 的国家有 35 个。工业用水比重最高的国家为爱沙尼亚，工业用水比重为 96.0%；其后依次为斯洛文尼亚、摩尔多瓦、匈牙利、波兰、塞尔维亚、保加利亚、罗马尼亚、捷克和新加坡。工业用水比重最低的 10 个国家依次为东帝汶、尼泊尔、巴基斯坦、阿联酋、阿富汗、不丹、伊朗、缅甸、柬埔寨和埃及。

生活用水比重较高的国家也主要分布在中东欧地区，比重最高的 10 个国家中，5 个位于中东欧、3 个位于西亚–中东地区、南亚地区和东南亚地区各 1 个。农业用水比重超过 50% 的仅有 11 个，低于 10% 的国家有 23 个。生活用水比重最高的 10 个国家依次为文莱、马尔代夫、波黑、巴林、克罗地亚、黑山、卡塔尔、马其顿、格鲁吉亚和拉脱维亚，最高的文莱比重为 96.6%；生活用水比重最低的 10 个国家依次为阿富汗、越南、尼泊尔、老挝、土库曼斯坦、吉尔吉斯斯坦、伊拉克、阿塞拜疆、爱沙尼亚和塔吉克斯坦。

4.2.2　区域用水变化趋势

由于缺乏用水变化统计数据，本书选用 Huang 等（2018）重建的用水数据集进行用水变化分析。该数据集通过收集和整合各种统计和报告数据，利用时空统计降尺度算法，重建了一套全球月尺度 0.5°格网行业用水数据集，时间跨度为 1971～2010 年，涵盖了六个主要用水部门：灌溉、生活、火力发电、畜牧、采矿和制造业。经过与部分国家统计用水数据的对比发现，国家尺度上的重建结果差强人意，因此本部分只针对丝路全域和 6 个区域进行分析。

从用水量来看，丝路共建地区用水量由 1971 年的 1.43 万亿增长到 2010 年的 2.47 万亿 m³，用水增长了 72.7%。分区来看（图 4-4），除中东欧地区用水减少外，其他 5 个分区用水均呈增加态势。东南亚地区、西亚–中东地区和南亚地区总用水呈快速增长态势，用水分别增长了 198.5%、113.6% 和 98.0%。中亚地区和中蒙俄地区用水呈缓慢增长态势，

40 年间用水分别增长了 29.3%和 25.3%，其中中亚地区在 1997 年之前用水增长较快，之后用水开始波动下降。中东欧地区在 1986 年以前呈缓慢上升态势，之后用水快速回落，1986～2010 年用水回落了 37%。1971 年，南亚地区和中蒙俄地区总用水最多，均接近 5000 亿 m³，到 2010 年，南亚地区总用水已经增长到 10000 亿 m³ 左右，而中蒙俄地区总用水还不到 6200 亿 m³。

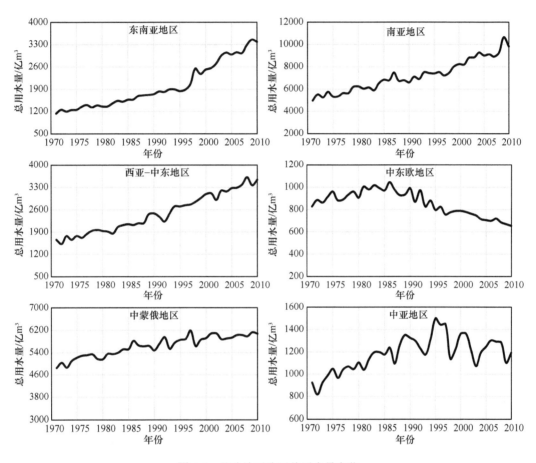

图 4-4 共建地区分区总用水量变化

从农业用水看，1971～2010 年，丝路共建地区农业用水由 1.18 万亿 m³ 增长到 1.93 万亿 m³，增长了 63.6%。分区来看（图 4-5），东南亚地区、西亚–中东地区、南亚地区农业用水快速增加，1971～2010 年农业用水分别增长了 161.1%、101.9%和 91.6%；中亚地区农业用水在 1995 年以前增长较快，后波动下降，整体呈小幅增加，增长了 24.0%；中蒙俄地区农业用水先上升后下降，整体基本持平；中东欧地区农业用水在 1990 年以前平稳波动，后快速下降，1971～2010 年农业用水下降了 64.0%，其中 1990～2010 年下降了 77%。1971～2010 年的所有年份中，南亚地区农业用水均是所有分区中最多的。

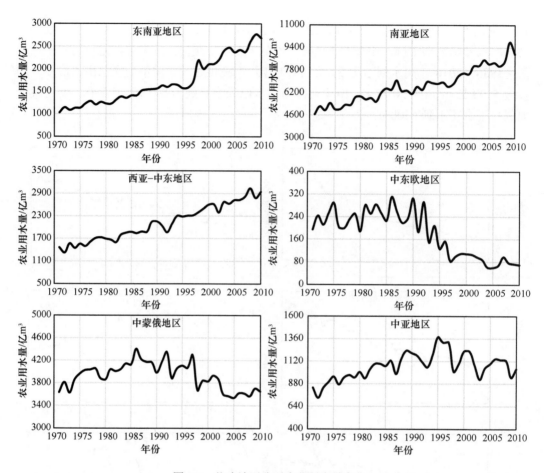

图 4-5　共建地区分区农业用水量变化

　　工业用水来看，1971～2010 年丝路共建地区工业用水由 1794.2 亿 m³ 增长到 3027.6 亿 m³，增长了 68.7%。分区看（图 4-6），除中东欧地区工业用水略有减少外，其他 5 个分区工业用水均呈不同程度的增长。东南亚地区工业用水增长最多，1971～2010 年工业用水由 38.7 亿 m³ 增长到 404.6 亿 m³，40 年间增长了 945.5%；其次西亚-中东地区工业用水增长了 229.4%，中蒙俄地区和中亚地区也分别增长了 66.8% 和 52.0%；南亚地区工业用水呈波动平稳状态，中东欧地区工业用水从 1985 年开始下降。

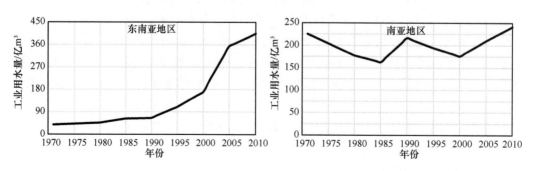

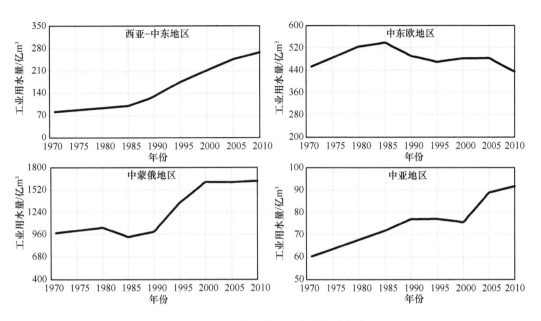

图 4-6　共建地区分区工业用水量变化

生活用水方面，丝路共建地区生活用水由 1971 年的 726 亿 m^3 增长到 2010 年的 2289 亿 m^3，增长了 215.3%。除中东欧外，其他 5 个分区生活用水均呈现大幅增长态势（图 4-7）。南亚地区生活用水增长最多，达到了 520.4%，由 109.0 亿 m^3 增长到 676.2 亿 m^3；其次为东南亚地区、中蒙俄地区、西亚–中东地区和中亚地区，生活用水分别增长了 341.0%、238.4%、179.6%和 152.1%。中东欧地区 1985 年前生活用水略微增长，之后开始下降，整体上生活用水减少了 16.7%。

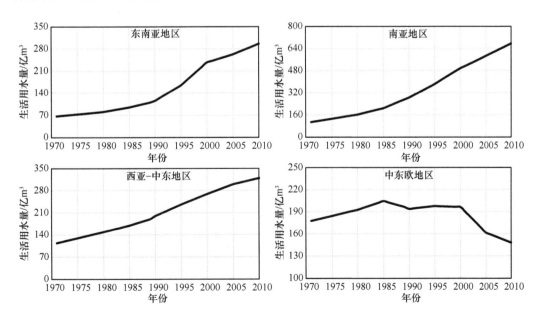

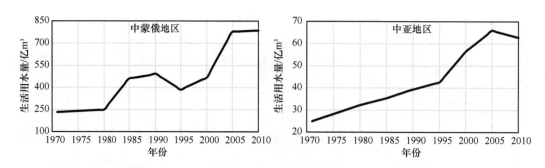

图 4-7　丝路共建地区分区生活用水量变化

从行业用水比重上看，丝路全域用水结构变化较小，1971～2010 年农业用水比重由 82.4%下降到 78.4%，工业用水比重由 12.5%略降至 12.3%，生活用水比重由 5.1%上升至 9.3%。南亚地区、中亚地区农业用水比重最高，农业用水占比约为 90%；中蒙俄地区农业用水占比在 65%左右；中东欧地区农业用水占比最少，农业用水占比低于 20%。中东欧地区工业用水占比最高，达到 65%以上，中蒙俄地区次之，工业用水占比 15%左右，南亚地区工业用水占比最少，不足 3%。大部分地区农业用水均呈减少趋势，大部分地区工业用水占比和生活用水占比呈增加趋势（图 4-8）。

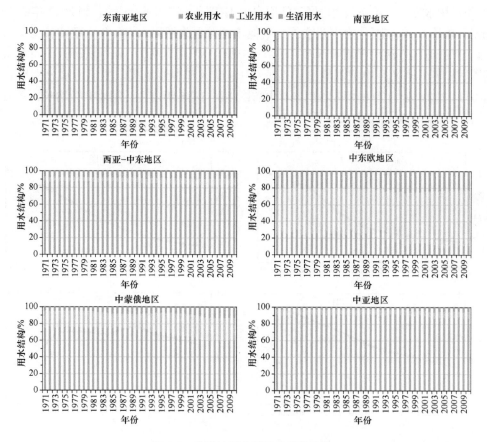

图 4-8　共建地区分区用水结构变化

4.2.3　主要国家用水变化趋势

本部分对丝路共建地区用水量最多的 5 个国家用水变化进行分析。中国用水数据来自水资源公报，包括总用水量和农业用水、工业用水、生活用水、生态用水。其他 4 个国家数据来自中国水利水电科学研究院发布的用水估算数据集（Yan et al.，2022），该套数据集基于国际组织和国家统计用水量资料，对人均综合用水量进行趋势分析和插值，重建了世界 198 个国家和地区 1960～2020 年用水系列数据。

1. 印度

印度 1990 年总用水量 5180 亿 m³，其中农业用水为 4840 亿 m³，占总用水量的 93%，灌溉面积 4514.4 万 hm²；工业用水为 170 亿 m³，占总用水量的 3.3%；生活用水为 140 亿 m³，占总用水量的 3%，人均用水量为 611m³。到 2010 年，印度总用水量达到 7610 亿 m³，其中农业用水为 6849 亿 m³，占总用水量的 90%；工业用水为 228 亿 m³，占总用水量的 3%，生活用水为 533 亿 m³，占总用水量的 7%。2010 年总供水量 7610 亿 m³，其中地表水供水 3960 亿 m³，占总供水量的 52%；地下水供水 2510 亿 m³，占总供水量的 33%；其他水源供水量 1140 亿 m³，占总供水量的 15%。随着人口激增、工业经济飞速发展，印度的用水需求量近年来持续上升。近年来，印度用水持续维持在 6500 亿 m³ 以上，接近 7000 亿 m³（图 4-9）。根据印度中央水委员会的数据，到 2050 年，印度总用水量将增加到 1.18 万亿 m³。

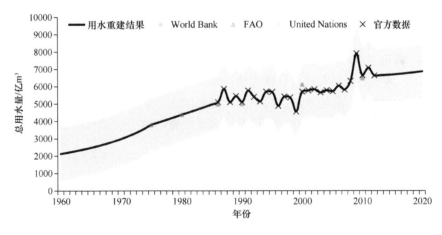

图 4-9　印度用水变化

2. 中国

中国用水大致经历了三个阶段（图 4-10）：1949 年新中国成立到 20 世纪 80 年代初，用水快速增长阶段；20 世纪 80 年代初到 2010 年左右，用水处于缓慢增长阶段；2010 年至今，用水微增长至负增长阶段。建国初期，全国总供水量仅为 1031 亿 m³，到 1980 年的 4406 亿 m³，年均增长率高达 4.6%。到 2010 年的 6022 亿 m³，1980～2010 年均增

长率为1%。随着一系列政策措施的出台和用水效率的进一步提高,我国用水总量于2013年达到峰值6183.4亿m³,之后用水总量缓慢回落。农业用水在波动中有所下降,工业用水在2011年达到峰值1462亿m³后持续回落,工业用水占比开始缓慢回落。随着人口的增长,生活用水持续增加,生活用水比重也在持续增长。

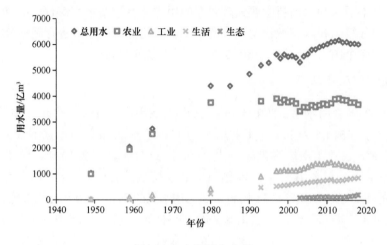

图4-10 中国用水变化

3. 印度尼西亚

印尼以热带雨林气候为主,拥有极为丰富的水资源,水资源量为2.02万亿m³,排名全球第7位。印度尼西亚用水持续快速增长,根据用水重建结果,由1990年的764亿m³增长到2020年接近4000亿m³(图4-11)。1990~2020年,印尼国内饮用水需求增加220%。截至2019年,印尼已拥有的安全可靠的供水基础设施仅占全国用水总需求的30%,只有39%的城市人口可以饮用清洁水,仅占印尼全国人口的18%,多数人口与社区饮用非安全水源。清洁水的供应不足严重影响着印尼国民的身体健康和生活质量。同时,大规模开采地下水的活动也给印尼带来了严重的地面沉降问题。

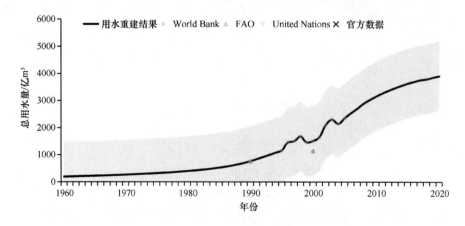

图4-11 印度尼西亚用水变化

4. 巴基斯坦

巴基斯坦 2014 年总用水量为 1835 亿 m^3，其中地表水供水量为 1070 亿 m^3，地下水供水为 755 亿 m^3。农业用水占 93.95%，生活用水占 5.26%、工业用水占 0.76%。在农业用水中大部分用水为农业灌溉用水。作为以农业经济为主的国家，农业占国内生产总值的 25%。在人口增长压力下，为满足粮食需求，需要更多的粮食产量，然而巴基斯坦 92%的地区都是干旱和半干旱地区，这将会给供水带来巨大压力。根据用水变化趋势，巴基斯坦总用水量持续攀升（图 4-12）。随着用水的持续增加，巴基斯坦将成为世界上水资源最紧张的国家之一。

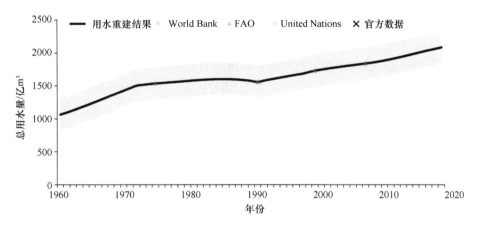

图 4-12　巴基斯坦用水变化

5. 伊朗

自 2012 年以来，伊朗年用水量一直保持在 1000 亿 m^3 以上，且用水仍在持续增长（图 4-13）。伊朗用水量约占可再生淡水资源的 83%，大部分来自于地下水，588 亿 m^3

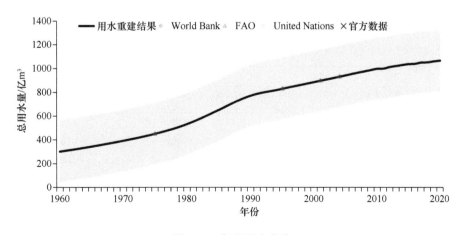

图 4-13　伊朗用水变化

来自于地下水，410 亿 m³ 来自于地表水，2 亿 m³ 来自于海水淡化。伊朗以农业用水为主，农业用水占总用水量比例超过 90%。伊朗农业用水效率低下，农业产值只占国内生产总值的 10%，但消耗了该国 92% 以上的水。伊朗持续开采地下水，导致地下水水位每年平均下降 2～4m，并在全国不同的平原形成了平均 2～30cm 的地面沉降，大部分的过度开采发生在地表水资源较少的中部盆地。

4.3 耗水量

耗水量是指毛用水量在输水和用水过程中，通过蒸腾蒸发、土壤吸收、产品带走、居民和牲畜饮用等多种途径消耗掉而不能回归到地表水体或地下含水层的水量。农业耗水量包括作物蒸腾、棵间蒸散发、渠系水面蒸发和浸润损失等水量。工业耗水量包括输水损失和生产过程中的蒸发损失量、产品带走的水量，以及厂区生活耗水量等。生活耗水量包括输水损失及居民家庭和公共用水消耗的水量。

世界资源研究所 Aqueduct 水风险图集（Gassert et al.，2015）中包含用水量和耗水量数据，其中耗水量是根据耗水率推算得到的，耗水率来自 Shiklomanov 和 Rodda（2004）的研究成果。这套图集最新版为 3.0 版本，3.0 版本主要以流域为研究单元，而 2.1 版本中以国家为统计单元的数据比较完善，因此本研究选用 2.1 版本的数据集，其基础数据年份为 2010 年，与本研究中的用水数据年份不同，因此本研究中仅使用这套数据集计算耗水率信息，假定耗水率变化不大，计算 2015 年耗水量信息。

2015 年，丝路共建地区 26888 亿 m³ 总用水量中，耗水量为 16127 亿 m³，综合耗水率为 60.0%，其中农业耗水量、工业耗水量和生活耗水量分别为 15373 亿 m³、416 亿 m³ 和 338 亿 m³，其相应的耗水率分别为 71.0%、15.8% 和 13.0%。

从耗水率的地区分布看（表 4-3），西亚–中东地区综合耗水率最高，为 71.1%；其次为中亚地区、南亚地区和东南亚地区和中蒙俄地区，综合耗水率分别为 67.1%、65.6%、60.2% 和 46.8%；中东欧地区综合耗水率最低，仅为 27.7%。丝路共建地区农业耗水率

表 4-3　不同分区耗水量

分区	农业		工业		生活		总量	
	耗水量/亿 m³	耗水率/%	耗水量/亿 m³	耗水率/%	耗水量/亿 m³	耗水率/%	耗水量/亿 m³	耗水率/%
东南亚地区	2906	68.0	44	15.2	41	10.1	2991	60.2
南亚地区	6593	70.7	23	11.2	95	13.5	6710	65.6
西亚–中东地区	2315	80.1	14	14.2	46	13.1	2375	71.1
中东欧地区	70	78.2	56	17.7	18	15.6	143	27.7
中蒙俄地区	2712	67.3	263	16.2	119	12.5	3094	46.8
中亚地区	778	73.8	16	16.4	18	30.4	812	67.1
丝路共建地区	15373	71.0	416	15.8	338	13.0	16127	60.0

一般在 65%~81%；西亚-中东地区、中东欧地区农业耗水率相对较高，分别为 80.1% 和 78.2%；中蒙俄地区和东南亚地区农业耗水率相对较低，分别为 67.3% 和 68.0%。丝路共建地区工业耗水率一般在 11%~18%，工业耗水率最高的中东欧为 17.7%，最低的南亚为 11.2%。丝路共建地区生活耗水率一般在 10%~31%，中亚生活耗水率最高，达到 30.4%，东南亚最低，为 10.1%。

国别上，综合耗水率较高的国家主要位于西亚-中东地区，南亚地区的阿富汗、西亚-中东地区的伊朗、伊拉克和阿塞拜疆综合耗水率较高，超过 75%；综合耗水率较低的国家主要分布在中东欧地区，南亚地区的马尔代夫、东南亚地区的文莱和新加坡地区以及中东欧的黑山、波黑和斯洛文尼亚综合耗水率较低，低于 15%。中东欧地区的斯洛文尼亚、立陶宛、拉脱维亚、爱沙尼亚和波黑农业耗水率较高，超过 85%；西亚-中东地区的亚美尼亚、阿塞拜疆、格鲁吉亚工业耗水率高，超过 25%；中东欧地区的爱沙尼亚、拉脱维亚、立陶宛，以及中亚地区五国生活耗水率高，超过 30%。

4.4　水资源开发利用评价

2030 年之前确保所有人拥有"清洁饮水和卫生设施"（SDG 6）是联合国 17 个可持续发展目标（SDGs）之一。SDG 6 的 11 个指标中，SDG 6.4 要求提高用水效率，确保淡水的可持续开采和供应，解决水资源短缺问题，它包括 SDG 6.4.1 和 SDG 6.4.2 两个指标，SDG 6.4.1 表示用水效率变化，SDG 6.4.2 表示水压力程度。指标计算所需的数据是由成员国指定机构在国家尺度上收集的技术（节水）或经济（增加值）的行政数据，这些数据来自统计年鉴、水资源公报和灌溉管理制度等。数据的获取通过 FAO AQUASTAT 和水与农业统计调查问卷来收集。在 2010~2020 年统计调查周期内，AQUASTAT 系统中收录的 168 个国家中有 99 个国家上报了数据。

本部分讨论的考虑外来水情况下的水资源开发利用率与 SDG 6.4.2 水压力程度指标一致。丝路共建地区用水效率评价指标与 SDG 6.4.1 指标相同，并选用 SDG 6.4.1 的数据进行评价。

4.4.1　水资源开发利用程度

水资源开发利用率可以用来反映国家或地区水资源的开发利用程度。水资源开发利用率是指当地供水量与当地水资源量的比率。考虑到数据的现实条件，本书以用水量代替供水量。根据 FAO AQUASTAT 统计数据，选择 2015 年用水量代表现状用水水平，多年平均水资源量代表现状情形下水资源禀赋。由于很多国家外来水占比较高，因此在国家尺度上对考虑外来水和不考虑外来水两种情况下的水资源开发利用率进行分析；而从较大的区域层面来看，外来水占比很低甚至可以忽略不计，因此在全域和分区尺度上，不考虑外来水的情况。

丝路共建地区平均水资源开发利用率为17.6%,总体上水资源开发利用程度还不高;世界平均水资源开发利用率为 9.3%,丝路共建地区水资源开发程度约为世界平均水平的 2 倍。分地区看(图 4-14),西亚–中东地区和中亚地区水资源开发利用率较高,分别为 68.9%和 62.4%;其次南亚,水资源开发利用率也已经达到 51.6%;中东欧地区、东南亚地区和中蒙俄地区水资源开发利用率较低,分别为 12.0%、10.0%和 9.2%。

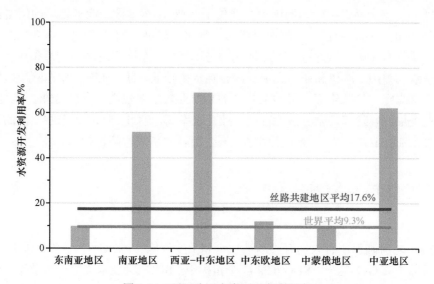

图 4-14　不同分区水资源开发利用率

从国别分布上来看(图 4-15),水资源开发利用率极高的国家主要分布在西亚–中东地区和中亚地区,南亚水资源开发利用率也达到较高程度;中东欧地区、东南亚地区和蒙古国、俄罗斯水资源开发利用程度较低。考虑外来水的情况下,水资源开发利用率超过 80%的国家有 14 个,其中 13 个国家水资源开发利用率超过 100%,水资源开发利用率最高的国家分别为科威特、阿联酋、卡塔尔、沙特阿拉伯、巴林等,均为极度缺水西亚–中东国家。中亚的土库曼斯坦和乌兹别克斯坦,以及东南亚的新加坡水资源开发利用率也均已超过了 100%。另外,南亚的巴基斯坦水资源开发利用率也已达到较高程度,为 74.3%。水资源开发利用率不足 20%的国家有 36 个,其中不足 10%的国家有 26 个。南亚的不丹水资源开发利用率最低,仅为 0.4%;其次为柬埔寨、拉脱维亚、克罗地亚和马来西亚,水资源开发利用率也均低于 1%。

不考虑外来水的情况下,水资源开发利用率的空间分布格局与考虑外来水的基本一致,但一些国家存在显著差异。总体上,水资源开发利用率超过 100%为 16 个。水资源开发利用程度变化较大的国家主要是一些重要河流下游国家,例如:中东欧多瑙河下游国家斯洛伐克、匈牙利、克罗地亚等;恒河和雅鲁藏布江下游的孟加拉国;印度河下游的巴基斯坦;湄公河下游的柬埔寨和越南;尼罗河下游的埃及;阿姆河下游的土库曼斯坦;锡尔河下游的乌兹别克斯坦。科威特境内没有淡水河流或湖泊,水资源全部来自外部或依靠海水淡化。巴基斯坦在考虑外来水的情况下,水资源开发利用率为 74.3%,而

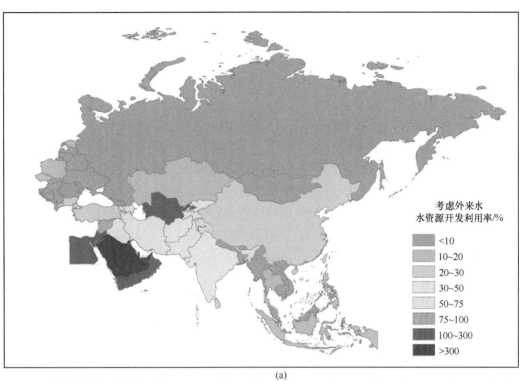

(a)

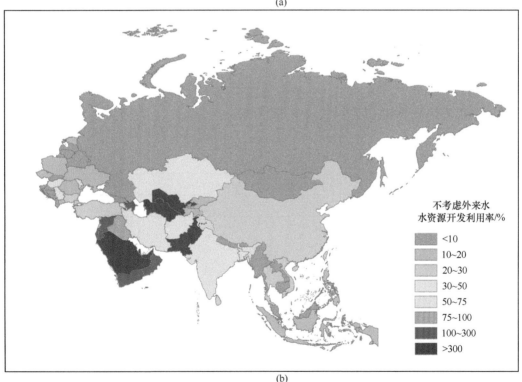

(b)

图 4-15 共建国家水资源开发利用率分布图

在不考虑外来水的情况下,水资源开发利用率已经达到 333.5%;相似,阿塞拜疆由 33.7%
变为 144.0%、巴林由 370%变为 10733%、埃及由 129%变为 7390%等。

4.4.2 用水水平

人均综合用水量和万元 GDP 用水量是综合反映社会经济发展水平和水资源开发利
用状况的重要指标,与各地水资源条件、经济发展水平、产业结构状况、节水水平、水
资源管理水平和科技水平等密切相关。人均综合用水量为总用水量(单位:m^3)与总人
口数(单位:人)的比值。万元 GDP 用水量是根据总用水量(单位:m^3)除以总 GDP
(单位:万元)得到,由于国际机构数据均以美元为统计货币单位,因此本研究以万美
元 GDP 用水量作为统计指标。用水量、人口和 GDP 数据来自 FAO AQUASTAT 数据库,
用水量缺失数据使用 Yan 等(2022)重建数据结合人口数据进行推算插补。

1. 人均综合用水量

2015 年,丝路共建地区人均综合用水量为 579m^3,与世界平均水平基本相当。分区
上,中亚人均综合用水量最高,达到 1899m^3,是丝路共建地区平均水平的 3.3 倍;其次
为东南亚地区和西亚–中东地区,均高于丝路共建地区人均综合用水量,分别为 834m^3
和 809m^3;中东欧地区、中蒙俄地区和南亚地区人均综合用水量低于丝路共建地区平均
值,分别为 286m^3、433m^3 和 541m^3。

对比 2005 年和 2015 年人均综合用水量(表 4-4),丝路共建地区人均综合用水
量略有下降,下降幅度小于世界水平。东南亚地区和中蒙俄地区人均综合用水量有
所上升,上升幅度分别为 6.6%和 1.9%;其他 4 个分区人均综合用水量均有不同程度
的下降,中东欧地区、西亚–中东地区和中亚地区下降幅度大,分别下降 15.6%、15.1%
和 13.6%。

表 4-4 不同分区人均综合用水量变化 （单位:m^3）

区域	人均综合用水量	
	2005 年	2015 年
东南亚地区	782	834
南亚地区	545	541
西亚–中东地区	953	809
中东欧地区	339	286
中蒙俄地区	425	433
中亚地区	2197	1899
丝路共建地区	582	579
世界	582	541

国家尺度上,2015 年人均综合用水量较高的国家主要分布在中亚地区和东南亚地区

以及西亚–中东地区，较低的国家主要分布在中东欧地区（图 4-16）。人均综合用水量较高的前 5 个国家，其中 4 个位于中亚地区，最高的土库曼斯坦人均水资源量高达 6602m³，其次为乌兹别克斯坦、伊朗、吉尔吉斯斯坦和哈萨克斯坦，人均综合用水量分别为 1783m³、1321m³、1270m³ 和 1233m³；人均水资源量超过 1000m³ 的国家还有东帝汶、阿塞拜疆、爱沙尼亚、老挝、亚美尼亚、越南和塔吉克斯坦。人均水资源量低于 200m³ 的国家有 14 个，其中低于 100m³ 的国家有 4 个。人均水资源量较低的 10 个国家依次为马尔代夫（14m³）、波黑（75m³）、巴勒斯坦（81m³）、拉脱维亚（88m³）、斯洛伐克（102m³）、约旦（109m³）、新加坡（119m³）、立陶宛（134m³）、蒙古国（143m³）和捷克（151m³）。

从 2005～2015 年人均综合用水量变化上看（图 4-16），44 个共建国家人均综合用水量出现下降，21 个国家出现上升。人均综合用水量上升幅度最大的是老挝，由 2005 年的 607m³ 上升到 2015 年的 1164m³，上升幅度达 91.7%；其次为亚美尼亚、塞尔维亚、土耳其、黑山，上升幅度均超过 25%，分别为 42.3%、28.2%、27.9% 和 26.4%。人均综合用水量下降幅度超过 25% 的国家有 14 个。下降幅度最大的是立陶宛，由 707m³ 下降到 134m³，下降幅度高达 81.0%；新加坡紧随其后，由 544m³ 下降到 119m³，下降幅度达 78.1%；下降幅度超过 25% 的国家还有伊拉克（53.4%）、斯洛伐克（39.5%）、阿联酋（38.5%）、卡塔尔（38.3%）、马其顿（37.6%）、塔吉克斯坦（35.6%）、约旦（33.4%）、乌克兰（33.2%）、科威特（32.0%）、蒙古国（31.9%）、巴勒斯坦（31.0%）和阿尔巴尼亚（29.9%）。

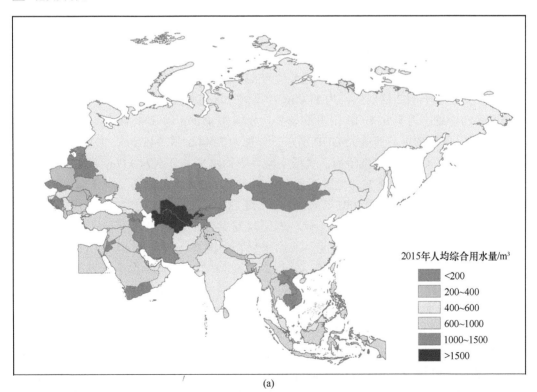

（a）

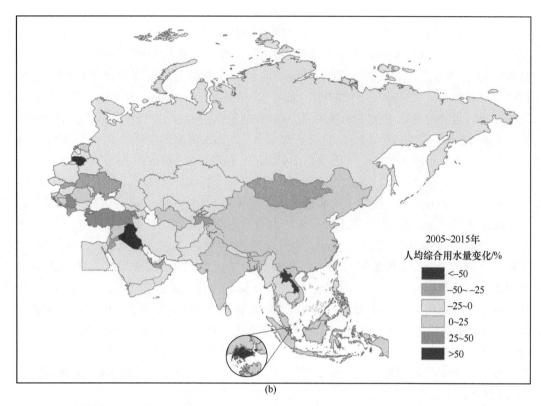

(b)

图 4-16　共建国家 2015 年人均综合用水量（a）和 2005～2015 年人均综合用水量变化（b）分布图

2. 万美元 GDP 用水量

2015 年，世界平均万美元 GDP 用水量为 537m³，而丝路共建地区万美元 GDP 用水量是世界平均水平的 2 倍以上，为 1144m³。不同分区万美元 GDP 用水量差异显著，中亚地区和南亚地区万美元 GDP 用水量最多，分别为 4104m³ 和 3461m³；其次为东南亚地区和西亚-中东地区，万美元 GDP 用水量分别为 2144m³ 和 945 m³；中东欧地区和中蒙俄地区万美元 GDP 用水量最低，且低于世界平均水平，分别为 337m³ 和 536m³。

2005～2015 年，丝路共建地区和各分区万美元 GDP 用水量均呈现下降（表 4-5）。世界万美元 GDP 用水量由 2005 年的 802m³ 下降 33.1% 至 2015 年的 537m³，而丝路共建地区则由 2959m³ 下降 61.3% 至 1144m³，表明丝路共建地区用水水平低于世界平均水平，但用水效率提升幅度远高于世界平均水平。分区看，万美元 GDP 用水量下降幅度最大的为中蒙俄地区和中亚地区，分别为 72.8% 和 70.2%；其次为南亚地区和东南亚地区，下降幅度分别为 56.3% 和 53.1%；西亚-中东地区和中东欧地区下降幅度也分别达到了 48.5% 和 43.8%。

国家尺度上，2015 年万美元 GDP 用水量较高的国家主要分布在中亚地区和南亚地区，较低的国家主要分布在中东欧地区和中蒙俄地区（图 4-17）。万美元 GDP 用水量超过 3000m³ 的国家有 14 个，其中超过 5000m³ 的国家有 11 个。塔吉克斯坦、吉尔吉斯斯坦、阿富汗和土库曼斯坦万美元 GDP 用水量位列前四位，均超过 1 万 m³；其次为东帝汶、

表 4-5　不同分区万美元 GDP 用水量变化　　　　　　　　（单位：m³）

区域	万美元 GDP 用水量	
	2005 年	2015 年
东南亚地区	4570	2144
南亚地区	7928	3461
西亚–中东地区	1835	945
中东欧地区	600	337
中蒙俄地区	1969	536
中亚地区	13784	4104
丝路共建地区	2959	1144
世界	802	537

叙利亚、巴基斯坦、乌兹别克斯坦、缅甸、老挝和越南，都超过 5000m³。万美元 GDP 用水量低于 300m³ 的国家有 20 个，低于 100m³ 的国家有 8 个。万美元 GDP 用水量最少的 10 个国家依次为马尔代夫（15m³）、新加坡（22m³）、卡塔尔（50m³）、斯洛伐克（62m³）、拉脱维亚（65m³）、以色列（71m³）、捷克（85m³）、立陶宛（95m³）、科威特（101m³）和克罗地亚（132m³）。

从 2005～2015 年万美元 GDP 用水量变化上看（图 4-17），丝路共建地区仅有叙利亚万美元 GDP 用水量出现上升，其他国家均呈现下降。叙利亚万美元 GDP 用水量由

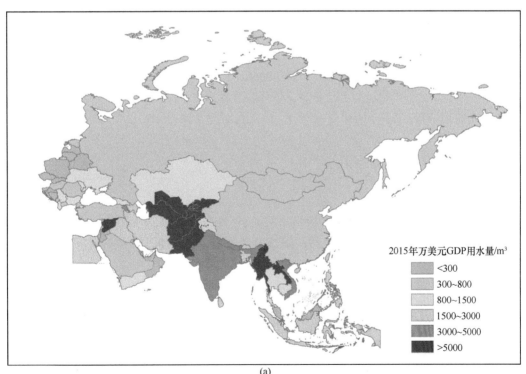

(a)

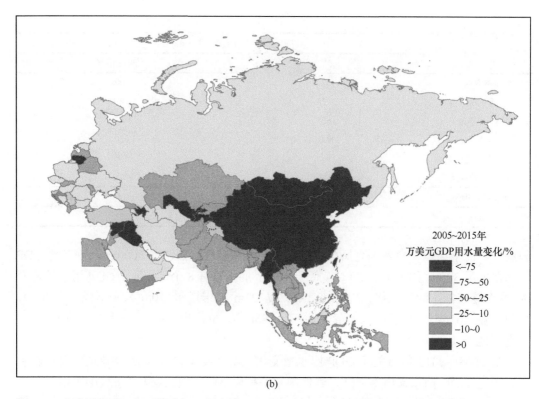

(b)

图 4-17　共建国家 2015 年万美元 GDP 用水量（a）和 2005～2015 年万美元 GDP 用水量变化（b）分布图

2005 年的 5902m³ 上升到 2015 年的 8800m³，上升幅度达 49.1%。万美元 GDP 用水量下降幅度超过 50% 的国家有 36 个，其中超过 75% 的国家有 9 个。下降幅度最大的国家为立陶宛，万美元 GDP 用水量由 2005 年的 906m³ 下降 89.5% 至 2015 年的 95m³；其次为新加坡和伊拉克，下降幅度也超过 80%；下降幅度超过 75% 的国家还有蒙古国（79.9%）、乌兹别克斯坦（79.4%）、中国（76.5%）、塔吉克斯坦（76.4%）、缅甸（76.2%）和阿塞拜疆（75.8%）。

4.4.3　用水效率

用水效率是指使用单位水资源所带来的经济、社会或者生态等效益。本部分用水效率指标选用 SDG 6.4.1 的指标，包括：综合用水效率、农业灌溉用水效率、工业用水效率和服务业用水效率，数据来自 FAO AQUASTAT 数据库。

综合用水效率指标即表示单方水 GDP 产出，是衡量用水效益的重要指标。2015 年丝路共建地区综合用水效率为 8.08 美元/m³，不到世界平均水平的一半。中东欧地区综合用水效率最高，达到 24.80 美元/m³；其次为中蒙俄地区，综合用水效率略高于世界平均水平；南亚地区、中亚地区和东南亚地区综合用水效率较低，分别为 2.34 美元/m³、2.37 美元/m³ 和 4.52 美元/m³，均低于丝路共建地区平均水平。

农业灌溉用水效率方面，丝路共建地区平均水平略高于世界平均水平，为 0.62 美元/m³。中蒙俄农业灌溉用水效率最高，达到 1.87 美元/m³，是丝路共建地区平均水平的3 倍；其他 5 个分区农业灌溉用水效率均低于丝路共建地区平均水平。

工业用水效率方面，丝路共建地区平均水平与世界平均水平相当，为 30.96 美元/m³。西亚–中东地区工业用水效率最高，达到 126.64 美元/m³，是丝路共建地区平均水平的 4 倍多；其次为南亚地区、中蒙俄地区和东南亚地区，工业用水效率与丝路共建地区平均水平基本一致；中亚地区和中东欧地区工业用水效率最低，分别为 9.81 美元/m³ 和 12.11美元/m³。

服务业用水效率方面，丝路共建地区平均水平为 47.07 美元/m³，不足世界平均水平的一半。中东欧地区、中蒙俄地区和西亚–中东地区服务业用水效率相对较高，高于丝路共建地区平均水平；南亚地区、中亚地区和东南亚地区服务业用水效率较低，分别为19.94 美元/m³、26.98 美元/m³ 和 32.20 美元/m³，低于丝路共建地区平均水平。丝路共建地区不同分区综合用水效率和不同行业用水效率见表 4-6。

表 4-6　不同分区用水效率　　　　　（单位：美元/m³）

	综合用水效率	农业灌溉用水效率	工业用水效率	服务业用水效率
东南亚地区	4.52	0.26	28.24	32.20
南亚地区	2.34	0.36	32.52	19.94
西亚–中东地区	10.38	0.42	126.64	59.19
中东欧地区	24.80	0.29	12.11	78.01
中蒙俄地区	18.21	1.87	30.30	66.43
中亚地区	2.37	0.28	9.81	26.98
丝路共建地区	8.08	0.62	30.96	47.07
世界	17.30	0.56	28.61	102.87

从国家尺度上看（图 4-18），综合用水效率超过 50 美元/m³ 的国家有 14 个，其中 8个国家超过 100 美元/m³。最高的国家为南亚地区的马尔代夫和东南亚地区的新加坡，综合用水效率分别为 578.20 美元/m³ 和 436.80 美元/m³；综合用水效率较高的还有卡塔尔、斯洛伐克、拉脱维亚、以色列、科威特和捷克，均超过 100 美元/m³。综合用水效率较低的国家主要分布在东南亚地区、西亚–中东地区、南亚地区和中亚地区。综合用水效率低于 5 美元/m³ 的国家有 20 个，位于东南亚地区和西亚–中东地区的国家各 6 个、位于南亚地区和中亚地区的国家各 4 个。阿富汗综合用水效率最低，仅为 0.73 美元/m³；其次为塔吉克斯坦、吉尔吉斯斯坦和叙利亚，综合用水效率均低于 1 美元/m³。

农业灌溉用水效率上，高于 1 美元/m³ 的国家有 15 个，主要位于西亚–中东地区和中东欧地区。中东欧地区的黑山最高，高达 52.58 美元/m³，远高于其他国家；位居第二、三、四位的国家分别为西亚–中东地区的巴勒斯坦、中东欧地区的斯洛文尼亚、东南亚地区的文莱，农业灌溉用水效率分别为 5.42 美元/m³、4.53 美元/m³ 和 4.44 美元/m³。中东欧地区国家农业灌溉用水效率差异显著，农业灌溉用水效率最低的 10 个国家中，6个位于中东欧地区；波黑、拉脱维亚、立陶宛、哈萨克斯坦、白俄罗斯、乌克兰、东帝汶、俄罗斯、保加利亚农业用水效率低于 0.1 美元/m³。

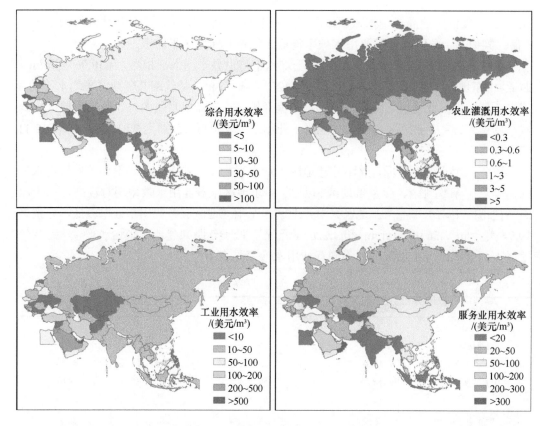

图 4-18　共建国家用水效率分布图

　　工业用水效率较高的国家主要分布在西亚–中东地区，用水效率最高的 10 个国家中，7 个位于西亚–中东地区。阿联酋工业用水效率最高，达到 3621.87 美元/m³，紧随其后的科威特和马尔代夫也分别达到 2606.62 美元/m³ 和 1240.98 美元/m³；巴林、卡塔尔、以色列、沙特阿拉伯、约旦、新加坡工业用水效率也均超过 200 美元/m³。工业用水效率较低的国家主要分布在中东欧地区和中亚地区，用水效率最低的 10 个国家中，6 个位于中东欧地区、2 个位于中亚地区、东南亚地区和西亚–中东地区国家各 1 个。工业用水效率低于 10 美元/m³ 的国家有 15 个；工业用水效率最低的国家为摩尔多瓦，为 2.32 美元/m³。

　　服务业用水效率方面，超过 100 美元/m³ 的国家有 17 个，8 个位于中东欧地区、6 个位于西亚–中东地区、2 个位于东南亚地区、1 个位于南亚地区。服务业用水效率最高的国家为新加坡和马尔代夫，用水效率分别为 734.64 美元/m³ 和 542.69 美元/m³；其次为阿曼、爱沙尼亚、以色列、拉脱维亚，均超过 200 美元/m³。服务业用水效率低于 20 美元/m³ 的国家有 15 个。叙利亚服务业用水效率最低，为 6.45 美元/m³；其次为缅甸和塔吉克斯坦，也均低于 10 美元/m³。

　　对比 2005 年，大多数共建国家综合用水效率有所提高，仅有叙利亚、也门和老挝综合用水效率发生下降（图 4-19）。叙利亚和也门综合用水效率下降幅度较大，2005～

2015 年综合用水效率分别下降了 42.8%和 34.5%；叙利亚综合用水效率由 2005 年的 1.73 美元/m³ 下降到 2015 年的 0.99 美元/m³，也门综合用水效率由 10.42 美元/m³ 下降到 6.82 美元/m³。老挝综合用水效率基本维持不变，略微下降了 0.05%。综合用水效率提高幅度超过 50%的国家有 25 个，其中提高幅度超过 100%的国家有 13 个。综合用水效率提高幅度最大的国家为立陶宛，综合用水效率由 2005 年的 11.83 美元/m³ 提高到 2015 年的 91.11 美元/m³，提高幅度达到 670.2%；综合用水效率提高幅度超过 100%的国家还有伊拉克（194.1%）、蒙古国（187.2%）、缅甸（179.3%）、土库曼斯坦（170.1%）、阿塞拜疆（141.8%）、中国（140.0%）、斯洛伐克（138.2%）、塔吉克斯坦（127.6%）、阿尔巴尼亚（127.5%）、乌兹别克斯坦（122.5%）、阿富汗（108.6%）和摩尔多瓦（103.6%）。

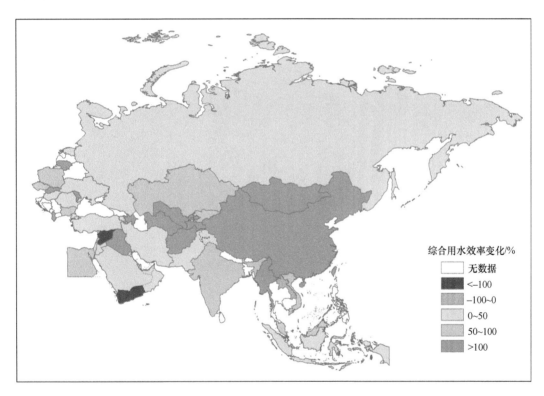

综合用水效率变化/%

无数据
<−100
−100~0
0~50
50~100
>100

图 4-19　共建国家 2005～2015 年综合用水效率变化分布图

第 5 章　水资源承载力评价

科学评价丝路共建地区水资源承载力，既是绿色丝绸之路水资源承载调控的必要前提，也是促进共建地区水资源科学合理开发利用与保护、"一带一路"高质量发展的重要理论基础，有助于促进丝路共建地区水资源与经济社会、生态环境之间的协调、健康、绿色发展。基于前文对水资源基础和用水规律的分析，本章建立水资源承载力计算方法，对丝路全域、地区和国别现状和未来水资源承载力进行计算和评价。

5.1　水资源承载力计算及评价方法

水资源承载力反映的是区域水资源与人口之间的关系，可以用区域内一定的用水水平为标准，计算区域水资源所能持续供养的人口规模。本部分建立了基于人水平衡的丝路共建地区水资源承载力与承载状态评价模型。

1. 水资源承载力及其计算

水资源承载力主要反映区域人口与水资源的关系，可通过一定人均综合用水量下，区域水资源所能支撑的人口规模来表达。计算公式为

$$\text{WRCC} = (\text{AWR} + \text{NCWR}) / \text{pU} = (\text{AWR} + \text{NCWR}) / (\text{pG} \times \text{tGU}) \tag{5-1}$$

式中，WRCC 为水资源承载力（单位：人），AWR 为水资源可利用量（单位：m^3），NCWR 为非常规水量（单位：m^3），pU 为人均综合用水量（单位：m^3/人），pG 为人均 GDP（单位：美元/人），tGU 为单位 GDP 用水量（单位：m^3/美元）。

单位 GDP 用水量 tGU 可以使用下式计算：

$$\text{tGU} = \frac{\text{pctG}_{\text{agr}}}{\text{sUE}_{\text{agr}}} + \frac{\text{pctG}_{\text{ind}}}{\text{sUE}_{\text{ind}}} + \frac{\text{pctG}_{\text{ser}}}{\text{sUE}_{\text{ser}}} \tag{5-2}$$

式中，pctG_{agr}、pctG_{ind} 和 pctG_{ser} 分别表示第一产业、第二产业和第三产业增加值占 GDP 的比重。sUE_{agr}、sUE_{ind} 和 sUE_{ser} 分别表示第一产业、第二产业和第三产业用水效率（单位：美元/m^3）。产业结构中的第一产业、第二产业和第三产业与用水结构中的农业用水、工业用水和生活用水并不完全对应，其中第三产业用水中不包含居民家庭用水，由于缺乏第三产业用水和居民家庭用水统计资料，本研究中将产业结构和用水结构做简单对应关系，第一产业、第二产业、第三产业分别对应农业用水、工业用水和生活用水。

2. 水资源承载密度及其强度分类

水资源承载密度是指单位面积土地上的水资源可承载的人口数量，可反映区域水资

源承载力强弱，是区域水资源承载本底禀赋的表征。计算公式为

$$WRCD = WRCC / A \qquad (5\text{-}3)$$

式中，WRCD 为水资源承载密度（单位：人/km²），A 为区域土地面积（单位：km²）。

根据水资源承载密度高低可将丝路共建地区水资源承载力划分为较强、中等和较弱三种类型。以水资源承载密度对丝路共建国家进行排序，对排序靠前的 50%的国家和排序靠后的 50%的国家分别计算平均水资源承载密度。注意：有 65 个共建国家，前后 50%的国家数均取 33；平均水资源承载密度指区域总水资源承载人口除以区域面积，与水资源承载密度均值不同。确定出前 50%的国家平均水资源承载密度 WRCD$_{\text{High}}$；后 50%的国家平均水资源承载密度为 WRCD$_{\text{Low}}$。据此，将水资源承载密度小于 WRCD$_{\text{Low}}$ 为较弱水平，介于 WRCD$_{\text{Low}}$ 和 WRCD$_{\text{High}}$ 之间的中等水平，大于 WRCD$_{\text{High}}$ 为较强水平（表 5-1）。

表 5-1　水资源承载强度分类标准

水资源承载强弱程度	水资源承载密度
较强	> WRCD$_{\text{High}}$
中等	WRCD$_{\text{Low}}$ － WRCD$_{\text{High}}$
较弱	< WRCD$_{\text{Low}}$

3. 水资源承载指数及其状态评价

水资源承载指数是指区域实际人口规模与水资源承载力之比，反映区域水资源与人口之间的平衡关系，是区域水资源实际承载状况的表征。计算公式为

$$WRCI = P / WRCC \qquad (5\text{-}4)$$

式中，WRCI 为水资源承载指数，P 为现实人口数量（单位：人）。根据水资源承载指数的大小，将丝路共建地区水资源承载力划分为盈余、平衡和超载三个类型六个级别（表 5-2）。

表 5-2　水资源承载状态分级标准

类型	水资源承载状态	水资源承载指数
盈余	富富有余	< 0.5
	盈余	0.5～0.8
平衡	平衡有余	0.8～1.0
	临界超载	1.0～1.5
超载	超载	1.5～2.5
	严重超载	> 2.5

5.2　基准条件下的水资源承载力

以往水资源承载力评价中往往是以各个国家的生活福利水平和用水效率水平计算

水资源承载力，由于各个国家生活福利水平和用水效率不同，同样的水资源条件下，水资源承载力可能差别巨大。同样地，不同国家或地区水资源承载力都很低，有些可能是水资源禀赋不足造成的，而另一些可能是以牺牲居民生活福利水平为代价或低效的用水水平造成的。以往的水资源承载力评价对同一个国家或地区不同时间的纵向比较是有意义的，但横向国与国之间、地区与地区之间的比较却缺乏一致性基础。因此，本部分利用世界 2015 年生活福利水平和用水效率水平，计算和评估基准条件下各个国家的水资源承载力。

以人均 GDP 作为生活福利水平，以三产用水效率作为用水效率水平。生活福利水平和用水效率水平分别分为三类：高水平、中水平和低水平。其中低水平条件以世界所有国家（即 100%）人均 GDP 和三产用水效率作为基准，中水平条件以世界生活福利水平和三产用水效率水平排名前 50%的国家计算的人均 GDP 和三产用水效率，高水平条件以世界生活福利水平和三产用水效率水平排名前 25%的国家计算的人均 GDP 和三产用水效率。

计算基准条件下的水资源承载力数据主要来自于 FAO AQUASTAT 数据库。由于本部分基准条件较多，为了使内容更加简洁，仅计算不考虑外来水情况下的水资源承载力。基准条件的计算均以 2015 年数据为基础，不同生活福利水平和用水效率水平条件标准见表 5-3。

表 5-3　不同生活福利水平和用水效率水平条件标准

生活福利水平	人均 GDP/（美元/人）	用水效率水平	第一产业用水效率/（美元/m³）	第二产业用水效率/（美元/m³）	第三产业用水效率/（美元/m³）
高	42776	高	22.02	308.50	245.86
中	18709	中	6.91	123.34	151.68
低	10089	低	1.10	28.28	102.57

图 5-1 展示了不同生活福利水平和用水效率水平下，不同产业结构（即第一、第二、第三产业产值的比重）和百万方水资源可承载人口之间的关系。在低生活福利水平和高用水效率水平下，以第二产业为主情况下，百万方水最高可承载 3 万余人；而在高生活福利水平和低用水效率水平下，以第一产业为主情况下，百万方水最低承载人口仅有不到 30 人。从社会经济发展协调度上来看，高福利水平与高用水效率相对更协调，同样的中福利水平与中用水效率相对更协调、低福利水平与低用水效率相对更协调。综合高（福利水平）高（用水效率）、中中、低低三种条件下，以第一产业为主时，百万方水最低承载人口 500 余人；以第三产业为主时，百万方水最高承载人口 1 万余人。

根据计算，在高生活福利水平和高用水效率水平下，丝路共建地区水资源承载力为 166.86 亿人；在中生活福利水平和中用水效率水平下，丝路共建地区水资源承载力为 151.38 亿人；在低生活福利水平和低用水效率水平下，丝路共建地区水资源承载力为 58.8 亿人。比较极端的情况，高生活福利水平和低用水效率水平下，丝路共建地区水资源承载力仅为 13.87 亿人；相反，低生活福利水平和高用水效率水平下，丝路共建地区水资源承载力达 707.44 亿人。

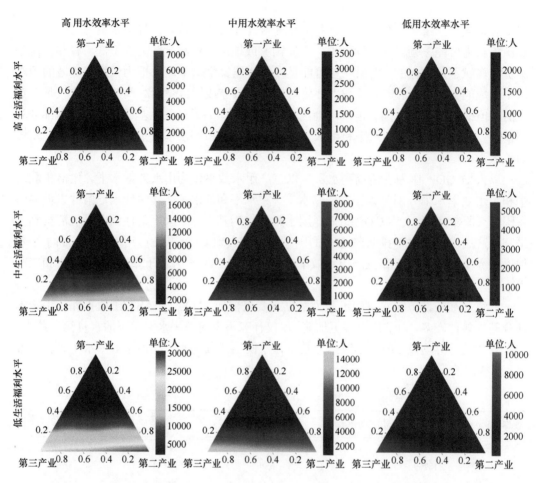

图 5-1　不同生活福利水平、用水效率水平下产业结构与百万方水资源承载人口关系

分区上看（为使内容和描述更简洁，仅评价高高、中中和低低条件下的水资源承载力），中蒙俄地区承载力最高，其次为东南亚地区和南亚地区，中亚地区、中东欧地区和西亚–中东地区承载力最低。从高高到中中到低低条件，各分区承载人口占总承载人口的比例有所变化（图 5-2）。中蒙俄地区承载力所占比例由高高到中中到低低条件下分别由61%上升至63%再至66%；东南亚地区和南亚地区承载力所占比例有所下降，中亚地区、中东欧地区和西亚–中东地区承载力所占比例变化不大。丝路共建地区不同分区不同基准条件下水资源承载力结果见表5-4。

由于各个国家面积和水资源可利用量的差异，导致共建国家水资源承载力无法直接对比，因此计算各个国家百万方水资源的承载力，不同基准条件下的空间分布如图 5-3 所示。可以看到，同等条件下，用水效率提高，百万方水承载力上升；生活福利水平提高，百万方水承载力下降。同等用水效率和生活福利水平下，以第二产业和第三产业为

表 5-4　不同分区不同基准条件下水资源承载力　　　　（单位：亿人）

生活福利水平	用水效率水平	水资源承载力						
		东南亚地区	南亚地区	西亚-中东地区	中东欧地区	中蒙俄地区	中亚地区	丝路共建地区
高	高	34.14	13.79	8.52	6.18	101.59	2.64	166.86
	中	12.44	4.90	3.39	2.64	41.80	1.04	66.21
	低	2.31	0.88	0.71	0.62	9.14	0.22	13.87
中	高	78.05	31.52	19.49	14.12	232.28	6.03	381.50
	中	28.44	11.20	7.75	6.04	95.58	2.38	151.38
	低	5.29	2.01	1.62	1.41	20.90	0.50	31.71
低	高	144.74	58.45	36.14	26.19	430.74	11.19	707.44
	中	52.73	20.76	14.38	11.19	177.24	4.41	280.72
	低	9.80	3.72	3.00	2.61	38.75	0.92	58.80

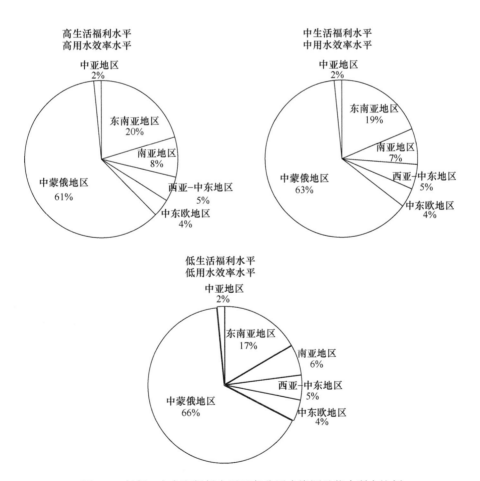

图 5-2　高高、中中和低低水平下各分区水资源承载力所占比例

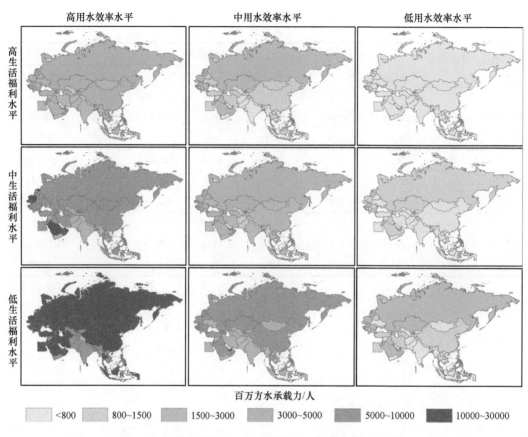

图 5-3　不同基准条件下共建国家百万方水承载力分布图

主的西亚–中东地区和中东欧地区国家百万方水承载力较高，而第一产业比重较高的中亚地区、南亚地区和东南亚地区国家百万方水承载力较低。以中生活福利水平和中用水效率条件为例，百万方水承载力最高的国家为东南亚的新加坡，为 7626 人；紧随其后的依次为巴林（7008 人）、卡塔尔（6999 人）、科威特（6735 人）、阿联酋（6496 人）、以色列（6111 人）、文莱（5947 人）、阿曼（5381 人）、斯洛文尼亚（5150 人）和捷克（5097 人），百万方水承载力均超过 5000 人；百万方水承载力最低的国家为第一产业产值占比最高的乌兹别克斯坦，百万方水承载力为 1001 人；其次为尼泊尔、柬埔寨、阿富汗、缅甸、巴基斯坦、塔吉克斯坦和阿尔巴尼亚，百万方水承载力均低于 1500 人。

5.3　现状水资源承载力

　　基于水资源承载力计算和评价方法，本部分对丝路共建地区现状条件下水资源承载力进行计算和评价，评价空间尺度包括全域、地区和国别三种尺度。

　　计算水资源承载力涉及到的数据主要来自于 FAO AQUASTAT 数据库。另外，根据

第 3 章水资源可利用率的估算成果，考虑到很多共建国家位于跨境河流的下游，水资源依赖率较高，因此分别计算考虑外来水和不考虑外来水两种情况下的水资源可利用量，其中不考虑外来水的情况中假定水资源可利用率保持不变。非常规水量仅考虑 FAO AQUASTAT 数据库中有统计资料的淡化水量。以 2015 年现状年份，计算和评价丝路共建地区现状水资源承载力。

5.3.1　现状水资源承载力评价

考虑外来水的情况下，丝路共建地区可承载人口 151.38 亿人，是 2015 年实际人口的 3.3 倍，水资源整体上处于富富有余状态。6 个分区水资源承载力从高到低依次为中蒙俄地区（65.68 亿人）、南亚地区（29.82 亿人）、东南亚地区（29.59 亿人）、中东欧地区（20.89 亿人）、西亚–中东地区（4.51 亿人）和中亚地区（0.89 亿人）。水资源承载状态相对较差的分区为西亚–中东地区，水资源承载状态为平衡有余，中亚地区和南亚地区处于盈余状态，其他分区处于富富有余状态。丝路共建地区平均水资源承载密度为 293.1 人 / km²，丝路全域 2015 年实际人口密度为 89.9 人 / km²。6 个分区水资源承载密度由高到低依次为中东欧地区（955.0 人 / km²）、东南亚地区（656.5 人 / km²）、南亚地区（580.6 人 / km²）、中蒙俄地区（232.4 人 / km²）、西亚–中东地区（59.6/ km²）、中亚地区（22.2 人 / km²）。考虑外来水情况下的水资源承载密度强弱临界值分别为 804.9 人 /km² 和 183.5 人 /km²，丝路共建地区水资源承载力处于中等水平，中东欧地区水资源承载力处于较强水平，中亚地区和西亚–中东地区处于较弱水平，其他分区均处于中等水平。

不考虑外来水的情况下，丝路共建地区现状全域可承载人口 110.62 亿人，是 2015 年实际人口的 2.4 倍，水资源整体上处于富富有余状态。6 个分区水资源承载力从高到低依次为中蒙俄地区（63.69 亿人）、东南亚地区（19.93 亿人）、南亚地区（13.95 亿人）、中东欧地区（8.81 亿人）、西亚–中东地区（3.46 亿人）和中亚地区（0.77 亿人）。南亚地区和西亚–中东地区水资源处于临界超载状态，中亚地区处于平衡有余状态，其他分区处于富富有余状态。考虑外来水情况下的水资源承载密度强弱临界值分别为 290.2 人 /km² 和 127.8 人 /km²，丝路全域水资源承载能力处于中等水平。同考虑外来水的情况相比，6 个分区水资源承载密度顺序和水资源承载强弱有所变化。东南亚地区水资源承载密度最高，水资源承载力处于较强水平；中亚地区和西亚–中东地区处于较弱水平，其他分区均处于中等水平。全域和不同分区详细水资源承载力评价结果见表 5-5。

从国家分布格局上来看，水资源超载的国家主要分布在西亚–中东和中亚地区，水资源盈余的国家主要分布在东南亚和中东欧（表 5-6 和图 5-4）。考虑外来水的情况下，丝路共建国家中有 18 个国家处于不同程度的超载，其中有 5 个国家水资源严重超载，超载和临界超载的国家分别有 5 个和 8 个。水资源严重超载的国家为新加坡、也门、沙特阿拉伯、叙利亚、科威特；水资源承载最为盈余的国家为拉脱维亚、不丹、克罗地亚、波黑、柬埔寨等国。

表 5-5　分区水资源承载力评价结果

分区	考虑外来水				不考虑外来水			
	承载力/亿人	承载密度/（人/km²）	承载指数	承载状态	承载力/亿人	承载密度/（人/km²）	承载指数	承载状态
东南亚地区	29.59	656.5	0.21	富富有余	19.93	442.2	0.32	富富有余
南亚地区	29.82	580.6	0.59	盈余	13.95	271.6	1.25	临界超载
西亚–中东地区	4.51	59.6	0.95	平衡有余	3.46	45.8	1.23	临界超载
中东欧地区	20.89	955.0	0.09	富富有余	8.81	403.1	0.20	富富有余
中蒙俄地区	65.68	232.4	0.24	富富有余	63.69	225.4	0.25	富富有余
中亚地区	0.89	22.2	0.77	盈余	0.77	19.2	0.89	平衡有余
丝路共建地区	151.38	293.1	0.31	富富有余	110.62	214.2	0.42	富富有余

表 5-6　不同水资源承载状态国家列表

水资源承载状态	国家名单（考虑外来水情况）	国家名单（不考虑外来水情况）
严重超载	5 个：新加坡、也门、沙特阿拉伯、叙利亚、科威特	10 个：埃及、土库曼斯坦、巴基斯坦、新加坡、也门、叙利亚、沙特阿拉伯、乌兹别克斯坦、阿塞拜疆、科威特
超载	5 个：土库曼斯坦、巴基斯坦、阿联酋、乌兹别克斯坦、埃及	7 个：阿联酋、以色列、伊拉克、巴林、阿富汗、约旦、匈牙利
临界超载	8 个：阿曼、卡塔尔、以色列、巴林、阿富汗、约旦、伊朗、塔吉克斯坦	8 个：阿曼、孟加拉国、卡塔尔、塞尔维亚、印度、摩尔多瓦、伊朗、亚美尼亚
平衡有余	4 个：印度、斯里兰卡、亚美尼亚、黎巴嫩	2 个：斯里兰卡、越南
盈余	9 个：吉尔吉斯斯坦、伊拉克、阿塞拜疆、菲律宾、巴勒斯坦、东帝汶、保加利亚、土耳其、中国	9 个：黎巴嫩、泰国、巴勒斯坦、菲律宾、东帝汶、保加利亚、哈萨克斯坦、中国、土耳其
富富有余	34 个：波兰、印度尼西亚、爱沙尼亚、泰国、越南、捷克、哈萨克斯坦、马尔代夫、马其顿、尼泊尔、摩尔多瓦、斯洛文尼亚、乌克兰、缅甸、孟加拉国、文莱、马来西亚、匈牙利、老挝、阿尔巴尼亚、格鲁吉亚、罗马尼亚、塞尔维亚、白俄罗斯、立陶宛、俄罗斯、黑山、蒙古国、斯洛伐克、柬埔寨、波黑、克罗地亚、不丹、拉脱维亚	29 个：波兰、乌克兰、塔吉克斯坦、吉尔吉斯斯坦、印度尼西亚、爱沙尼亚、罗马尼亚、捷克、马其顿、斯洛文尼亚、马尔代夫、尼泊尔、缅甸、老挝、斯洛伐克、文莱、白俄罗斯、马来西亚、阿尔巴尼亚、格鲁吉亚、柬埔寨、立陶宛、克罗地亚、黑山、俄罗斯、蒙古国、拉脱维亚、波黑、不丹

注：国家的顺序按水资源承载状态由弱到强排序，即水资源承载指数由大到小排序。

从水资源承载力（考虑外来水）方面看，水资源承载力最多的国家为俄罗斯，承载人口为 36.5 亿人，占丝路共建地区总承载人口的 24%；水资源承载力超过 10 亿人的国家还有中国、印度和孟加拉国，承载人口分别为 28.2 亿人、13.6 亿人和 12.8 亿人；这 4 个国家水资源承载力占丝路共建地区总承载人口的 60%。承载力最小的国家为新加坡，现状承载人口为 65.80 万人；承载力较少的国家还有巴林（107.75 万人）、科威特（144.15 万人）、马尔代夫（180.99 万人）、卡塔尔（183.61 万人）等。

不考虑外来水的情况下，水资源承载状态的空间分布格局与考虑外来水的情况基本类似，但很多国家水资源承载状况下降显著（图 5-4）。丝路共建地区不同程度超载的

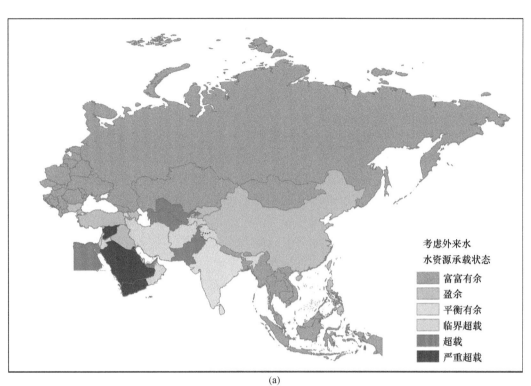

(a)

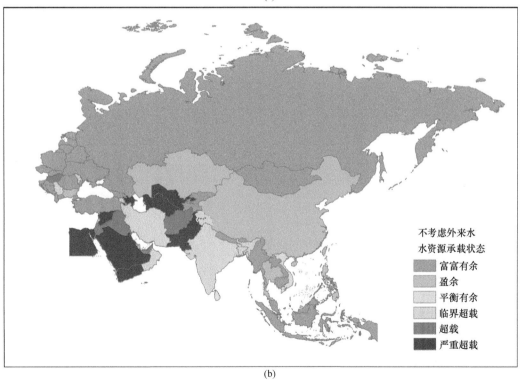

(b)

图 5-4　共建国家现状水资源承载状态分布图

国家增至 25 个,其中严重超载的国家增至 10 个,超载的国家增至 7 个。水资源严重超载的 10 个国家依次为埃及、土库曼斯坦、巴基斯坦、新加坡、也门、叙利亚、沙特阿拉伯、乌兹别克斯坦、阿塞拜疆和科威特。

水资源承载力(不考虑外来水)方面,承载人口最多的前三位为俄罗斯、中国和印度,水资源承载人口分别为 34.8 亿人、28.0 亿人和 10.3 亿人,此种情况下这三个国家承载人口占丝路共建地区承载人口的 66.0%。外来水占比较多的孟加拉国排名已经下降至第 13 位,承载人口为 1.1 亿人,与考虑外来水情况下承载人口相差 11.7 亿人。水资源承载力最小的国家为土库曼斯坦,承载人口仅为 12.75 万人;其次为新加坡(65.80 万人)、巴林(78.26 万人)、埃及(126.36 万人)等。考虑外来水和不考虑外来水两种情况下水资源不同承载状态国家见表 5-6。

从水资源承载强弱程度上看,水资源承载力较弱的国家主要分布在"西亚–中东–中亚"一带,水资源承载力较强的国家则分散分布在中东欧地区、东南亚地区和南亚地区(表 5-7 和图 5-5)。考虑外来水和不考虑外来水情况下,水资源承载力较弱的国家均为 24 个,水资源承载力中等的国家分别为 20 个和 12 个,水资源承载力较强的国家分别为 21 个和 29 个。

水资源承载密度(考虑外来水)上,承载密度超过1000人/km²和低于100人/km²的国家分别各有17个。孟加拉国水资源承载密度最高,达到8681人/km²;承载密度较高的国家还有马尔代夫、柬埔寨、克罗地亚、斯洛伐克和波黑,均超过3000人/km²。水资源承载密度较低的国家为沙特阿拉伯,承载密度仅为2.34人/km²;其次为土库曼斯坦(4.61人/km²)、也门(7.19人/km²)和阿曼(9.68人/km²)。

表 5-7 不同水资源承载强弱程度国家列表

水资源承载强弱程度	国家名单(考虑外来水情况)	国家名单(不考虑外来水情况)
较弱	24 个:沙特阿拉伯、土库曼斯坦、也门、阿曼、哈萨克斯坦、叙利亚、乌兹别克斯坦、吉尔吉斯斯坦、伊朗、阿富汗、塔吉克斯坦、阿联酋、埃及、科威特、爱沙尼亚、约旦、巴基斯坦、亚美尼亚、伊拉克、保加利亚、东帝汶、卡塔尔、阿塞拜疆	24 个:土库曼斯坦、埃及、沙特阿拉伯、也门、阿曼、乌兹别克斯坦、哈萨克斯坦、叙利亚、巴基斯坦、阿富汗、伊朗、阿塞拜疆、伊拉克、阿联酋、蒙古国、约旦、匈牙利、塞尔维亚、科威特、吉尔吉斯斯坦、爱沙尼亚、亚美尼亚、摩尔多瓦、保加利亚
中等	20 个:土耳其、俄罗斯、以色列、波兰、中国、马其顿、老挝、斯里兰卡、印度尼西亚、泰国、捷克、印度、菲律宾、乌克兰、缅甸、文莱、斯洛文尼亚、白俄罗斯、黎巴嫩、摩尔多瓦	12 个:东帝汶、塔吉克斯坦、卡塔尔、以色列、乌克兰、老挝、土耳其、泰国、俄罗斯、罗马尼亚、波兰、马其顿
较强	21 个:格鲁吉亚、越南、新加坡、马来西亚、立陶宛、尼泊尔、黑山、巴勒斯坦、不丹、匈牙利、罗马尼亚、阿尔巴尼亚、巴林、塞尔维亚、拉脱维亚、波黑、斯洛伐克、克罗地亚、柬埔寨、马尔代夫、孟加拉国	29 个:中国、印度、越南、斯里兰卡、印度尼西亚、斯洛文尼亚、捷克、白俄罗斯、缅甸、菲律宾、立陶宛、文莱、格鲁吉亚、孟加拉国、黎巴嫩、新加坡、斯洛伐克、马来西亚、巴林、尼泊尔、黑山、拉脱维亚、巴勒斯坦、阿尔巴尼亚、柬埔寨、不丹、克罗地亚、波黑、马尔代夫

注:国家的顺序按水资源承载强弱程度由弱到强排序,即水资源承载密度由小到大排序。

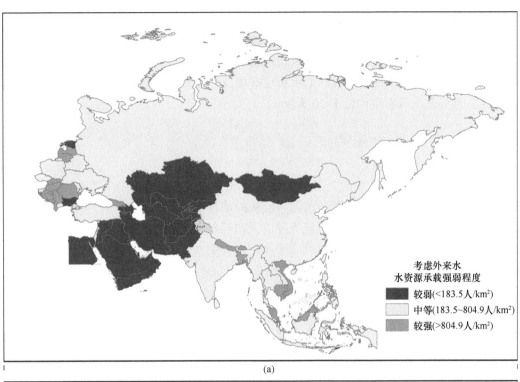

(a)

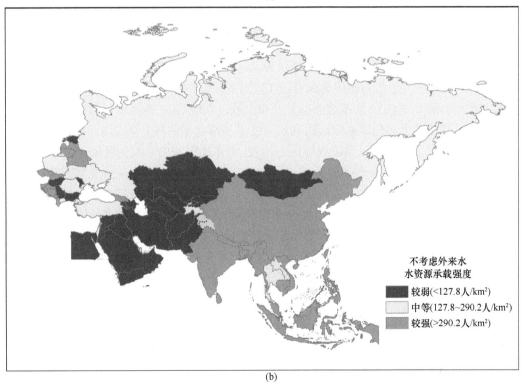

(b)

图 5-5　共建国家现状水资源承载强度分布图

不考虑外来水的情况下,水资源承载密度超过 1000 人/km² 的国家有 11 个,低于 100 人/km² 的国家有 23 个。马尔代夫水资源承载密度最高,为 6033 人/km²;其次为波黑、克罗地亚、不丹、柬埔寨等。水资源承载密度最低的国家为土库曼斯坦,承载密度仅为 0.26 人/km²;水资源承载密度较低的国家还有埃及、沙特阿拉伯、也门、阿曼等西亚地区国家,水资源承载密度均低于 10 人/km²。

5.3.2 现状与基准水资源承载力比较分析

现状水资源承载力反映的是现状生活福利水平和用水效率水平下各个国家水资源所能支撑的人口规模,基准水资源承载力反映的是各个国家在既有产业结构、基准生活福利水平和用水效率水平条件下所能支撑的人口规模。分析比较现状和基准水资源承载力差异能够识别出各个国家生活福利水平和用水效率水平的高低层次,可以基于此制定针对性策略提升水资源承载力。本部分对比分析现状水资源承载力与高(生活福利水平)高(用水效率水平)、中中和低低三种基准条件下的水资源承载力。

现状承载力小于基准承载力时,即现状承载力与基准承载力之间存在负偏差,表明现状生活福利水平高于基准水平或者现状用水效率低于基准水平;相反,现状承载力大于基准承载力时,即二者之间存在正偏差时,表明现状生活福利水平低于基准水平或者现状用水效率高于基准水平。

从现状与基准的对比看(图 5-6),低低基准条件下,有 15 个国家现状承载力和基准承载力之间存在负偏差,其他国家均为正偏差,且偏差百分比超过 50% 的国家有 41 个。承载力负偏差百分比较大的国家依次为土库曼斯坦、爱沙尼亚、阿联酋、哈萨克斯坦、沙特阿拉伯等。承载力出现负偏差的 15 个国家中,有 10 个国家的生活福利水平高于基准水平。从人均 GDP 与基准的偏差分布上看,人均 GDP 为负偏差的国家有 45 个,表明丝路共建地区大部分国家生活福利水平低于基准水平,其中蒙古国、南亚地区和东南亚地区的大部分国家,以及中亚地区、西亚–中东地区和中东欧地区的部分国家生活福利水平较低,人均 GDP 偏差百分比低于–50%,生活福利水平低于基准且偏差较大的国家依次为阿富汗、尼泊尔、塔吉克斯坦、也门、叙利亚、吉尔吉斯斯坦;生活福利水平高于基准水平的国家有 20 个,主要分布在西亚–中东,福利水平较高的国家依次为卡塔尔、新加坡、阿联酋、以色列、文莱等。从单位 GDP 用水量与基准的偏差分布看,中亚地区、南亚地区、东南亚地区和西亚–中东地区大部分国家出现正偏差,单位 GDP 用水量高于基准水平,即用水效率低于基准水平,用水效率低于基准且偏差较大的国家依次为土库曼斯坦、吉尔吉斯斯坦、东帝汶、塔吉克斯坦、叙利亚等;中蒙俄地区、中东欧地区的大部分国家出现负偏差,用水效率高于基准水平。

中中基准条件下,现状承载力与基准承载力之间存在负偏差的地区范围扩大,范围覆盖西亚–中东大部分国家及其他分区的几个国家,由低低基准条件下的 15 个国家扩展到中中基准条件下的 41 个国家,表明丝路共建地区约 63% 的国家现状承载力水平达不到中中基准承载力,其中 20 个国家偏差百分比低于–50%。现状条件下,丝路共建国家生活福利水平能达到中生活福利水平的国家仅有 9 个，分别为卡塔尔、新加坡、阿联酋、以色列、文莱、科威特、巴林、斯洛文尼亚和沙特阿拉伯。用水效率水平能达到中用水效率水平的国家也仅有 9 个，分别为马尔代夫、新加坡、拉脱维亚、斯洛伐克、卡塔尔、立陶宛、以色列、捷克和波黑。

相比中中基准，高高基准条件下现状和基准承载力负偏差幅度略有扩大，但负偏差的国家个数差不多，为 43 个，这些国家现状承载力水平达不到高高基准承载力。现状条件下有 22 个国家达到了高高基准承载力，但其中仅有新加坡是生活福利水平和用水效率水平均达到基准条件的，其他 23 个国家均是因为现状生活福利水平低而使得承载力高。生活福利水平上，丝路共建地区仅有卡塔尔和新加坡达到基准条件，用水效率也仅有马尔代夫和新加坡达到基准条件。

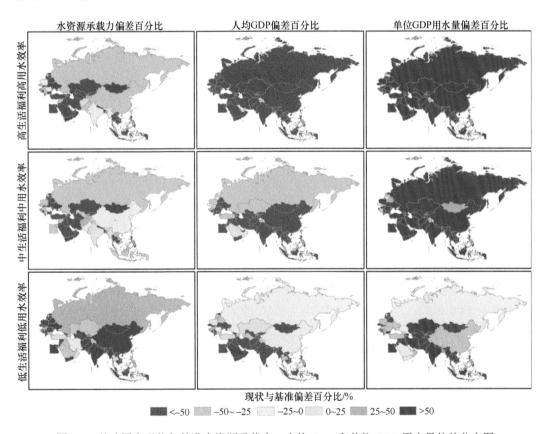

图 5-6　共建国家现状与基准水资源承载力、人均 GDP 和单位 GDP 用水量偏差分布图

5.4　水资源承载力变化

本部分计算并分析丝路共建地区 2000～2015 年每间隔 5 年的水资源承载力变化，考虑到数据可获得性和内容的简洁性，本部分仅计算不考虑外来水情况下的承载力。用

到的数据主要有水资源量、水资源可利用率、淡化海水量、用水量、GDP 及其构成、人均 GDP。水资源量来源于第 3 章基于降水和径流系数估算的水资源量成果；各年的水资源可利用率根据干旱指数和人类发展指数计算所得；各年用水数据、淡化海水量、GDP 及其构成、人均 GDP 数据均来源于 FAO AQUASTAT 数据库，其中用水数据中未更新的数据和缺失的数据基于 Yan 等（2022）的重建用水数据集和人口信息进行插补和替换。

5.4.1　基于不同数据计算的现状水资源承载力比较

5.3 节现状水资源承载力计算中用到的水资源数据来源于 FAO AQUASTAT 数据库，其水资源信息来自多种来源，大多数数据来自各国的调查统计数据，一些数据来自于国际报告，甚至有些数据来自于灰色文献（FAO，1995）。因为其数据来源多样，国家之间统计口径和标准存在差异，统计数据的参考时间也并不一致，国家之间数据直接比较可能存在一致性问题（严家宝等，2021）。然而，很多模型估算的水资源量虽然数据一致性较好，整体精度也达到较高程度，但具体到某个国家，估算值和官方调查统计数据可能仍会存在较大偏差。因此，本小节使用 FAO 水资源量和基于 MSWEP 降水、径流系数估算的 1981～2020 年多年平均水资源量，分别计算水资源承载力并进行比较。

丝路共建地区来看，基于 FAO 水资源量计算的水资源承载力为 110.62 亿人，而基于 MSWEP 估算水资源量计算的水资源承载力为 115.24 亿人，两种计算结果相对均值的偏差为 2.0%。从分区上看（表 5-8），西亚-中东地区两种数据计算的水资源承载力相对偏差最大，相对偏差达到 19.1%，基于 FAO 数据的水资源承载状态为临界超载，但基于降水估算的水资源承载状态为超载状态；其次南亚地区基于两种数据计算的承载力相对偏差为 17.8%，承载状态分别为临界超载和超载；中亚地区、中东欧地区、中蒙俄地区和东南亚地区相对偏差均较小，分别为 1.3%、1.9%、3.8% 和 10.4%，虽然中蒙俄地区的相对偏差最小，但绝对相差量是 6 个分区中最大的，两种数据计算的承载力相差 5.06 亿人；其次为东南亚地区和南亚地区，水资源承载力分别相差 4.64 亿人和 4.21 亿人。

表 5-8　基于两种数据计算的分区水资源承载力对比

区域	基于 FAO 水资源量			基于 MSWEP 降水估算水资源量		
	承载力/亿人	承载指数	承载状态	承载力/亿人	承载指数	承载状态
东南亚地区	19.93	0.32	富富有余	24.57	0.26	富富有余
南亚地区	13.95	1.25	临界超载	9.74	1.80	超载
西亚-中东地区	3.46	1.23	临界超载	2.35	1.82	超载
中东欧地区	8.81	0.20	富富有余	9.04	0.20	富富有余
中蒙俄地区	63.69	0.25	富富有余	68.75	0.23	富富有余
中亚地区	0.77	0.89	平衡有余	0.80	0.86	平衡有余
丝路共建地区	110.62	0.42	富富有余	115.24	0.40	富富有余

从 65 个共建国家的对比看（图 5-7），基于两种数据计算的水资源承载力整体上一

致性较好，但一些国家存在较大差异，例如伊拉克、土库曼斯坦、伊朗、塞尔维亚等。

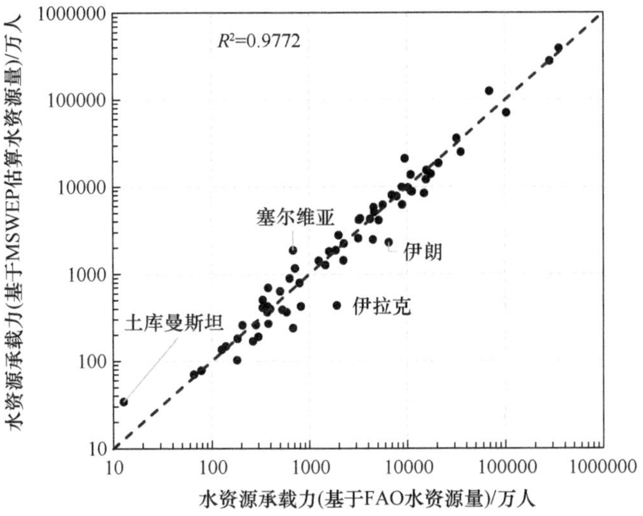

图 5-7　基于两种数据计算的共建国家水资源承载力对比

5.4.2　水资源承载力变化分析

2000～2015 年，丝路共建地区水资源承载力整体呈上升趋势，由于经济技术水平的发展，水资源可利用率逐步提高，加上用水效率的提高，使得水资源承载力逐步上升。由于 2010 年水资源量较多年平均值偏多，导致水资源承载力短期涨幅较大，2015 年水资源量处于正常水平，水资源承载力有所回落。承载指数上，2000～2015 年虽然承载力呈上升趋势，但由于丝路共建地区人口也在稳定上升中，所以承载指数呈波动状态。

分区来看，除东南亚地区水资源承载力在波动中下降外，其他 5 个分区水资源承载力均有所上升，南亚地区、西亚–中东地区和中蒙俄地区处于稳定上升中，而中东欧地区和中亚地区则在波动中上升。水资源承载指数上，除东南亚地区上升外，其他分区有所下降。水资源承载状态较差的南亚地区、西亚–中东地区和中亚地区均有一定的改善：南亚地区承载状态由严重超载状态变为超载状态；中亚地区由 2000 年和 2005 年的临界超载状态改善为 2010 年的平衡有余状态，到 2015 年已经变为盈余状态；西亚–中东地区承载状态虽然一直处于超载状态，但从承载指数上可以看出其也有一定改善。丝路共建地区各分区水资源承载力、承载指数和承载状态变化见表 5-9。

从国家尺度上看，大部分共建国家水资源承载力有所上升，水资源承载力上升的国家有 50 个，水资源承载力下降的国家有 15 个。承载力下降的国家中，7 个位于东南亚、6 个位于中东欧地区、2 个位于西亚–中东地区。承载力下降最多的国家为斯洛文尼亚，2000～2015 年水资源承载力下降幅度达 57.8%；其次为印度尼西亚、文莱、马来西亚和黑山，下降幅度均超过 30%。水资源承载力上升的国家中，上升幅度超过 50% 的国家有 31 个，其中上升幅度超过 100% 的国家有 18 个。马尔代夫和阿富汗水资源承载力上升幅度最大, 高达 1897% 和 1337%; 其次为巴林、阿联酋、卡塔尔、立陶宛、阿曼、伊拉克、巴基斯坦、塔吉克斯坦等。

表 5-9 分区水资源承载力变化

	承载力/亿人				承载指数				承载状态			
	2000年	2005年	2010年	2015年	2000年	2005年	2010年	2015年	2000年	2005年	2010年	2015年
东南亚地区	30.01	24.28	27.43	22.42	0.17	0.23	0.22	0.28	富富有余	富富有余	富富有余	富富有余
南亚地区	5.28	7.37	9.21	10.08	2.63	2.06	1.78	1.73	严重超载	超载	超载	超载
西亚–中东地区	1.76	2.30	2.34	2.40	1.81	1.52	1.65	1.78	超载	超载	超载	超载
中东欧地区	6.25	8.12	10.10	8.02	0.30	0.23	0.18	0.22	富富有余	富富有余	富富有余	富富有余
中蒙俄地区	56.68	60.83	68.16	71.32	0.26	0.25	0.23	0.22	富富有余	富富有余	富富有余	富富有余
中亚地区	0.52	0.49	0.66	0.87	1.06	1.20	0.95	0.78	临界超载	临界超载	平衡有余	盈余
丝路共建地区	100.51	103.39	117.91	115.13	0.39	0.40	0.37	0.40	富富有余	富富有余	富富有余	富富有余

国别水资源承载状态统计变化看 (表 5-10), 丝路共建地区水资源承载状态有所改善, 严重超载的国家数量由 2000 年的 17 个下降到 2015 年的 12 个, 富富有余的国家由 25 个上升到 31 个。

表 5-10 共建国家水资源承载状态统计   (单位: 个)

水资源承载状态	国家数量			
	2000 年	2005 年	2010 年	2015 年
严重超载	17	16	13	12
超载	7	7	9	8
临界超载	4	3	2	7
平衡有余	3	4	3	0
盈余	9	8	7	7
富富有余	25	27	31	31

综上, 随着经济技术水平的提高, 水资源可利用率和水资源可利用量也会逐步提高, 加上用水效率整体上也在逐步提升, 使得丝路共建地区水资源承载力会逐步增强, 水资源承载状态整体会有所改善, 但西亚–中东地区和南亚地区的水资源承载状态形势依然严峻。

5.5 未来水资源承载力状况

本节分别基于平均增长率的方式对未来不同情景下水资源承载力进行计算, 并对全域、地区和国别水资源承载力未来情景进行评价。根据丝路共建国家 2005 年和 2015 年的水资源可利用率估算数据、海水淡化量数据、人均 GDP 数据、单位 GDP 用水量数据，分别计算对应数据指标的年均增长率，然后建立年均增长率和 2005 年指标数据之间的关系，并将其作为各个国家对应指标数据的参考年均增长率。根据各个国家 2015 年指标数据和参考年均增长率，计算 2030 年、2040 年和 2050 年的指标数据的估计值。本部分用到的数据主要来自于 FAO AQUASTAT 数据库，未来人口数据来自于联合国《世界人口展望（2022）》（UN，2022）。

根据估算，丝路共建地区水资源承载力均有较大幅度的上升，相比 2015 年，2050 年考虑外来水的情况下水资源承载力上升 80.5% 至 273.53 亿人，不考虑外来水的情况下水资源承载力上升 89.1% 至 209.44 亿人（表 5-11）。上升幅度较大的分区为西亚–中东地区和中亚地区，考虑外来水情况下分别上升了 222.6% 和 180.2%，不考虑外来水情况下分别上升了 258.8% 和 148.7%。南亚地区上升幅度最小，两种情况下上升幅度分别为 43.9% 和 56.6%。

表 5-11　分区未来水资源承载力　　　　　　　　　　（单位：亿人）

区域	考虑外来水情况下水资源承载力				不考虑外来水情况下水资源承载力			
	现状	2030 年	2040 年	2050 年	现状	2030 年	2040 年	2050 年
东南亚地区	29.59	39.34	45.25	50.99	19.93	26.95	32.16	36.99
南亚地区	29.83	38.64	40.68	42.92	13.96	18.91	20.31	21.86
西亚–中东地区	4.65	7.50	10.23	15.00	3.59	5.97	8.44	12.88
中东欧地区	20.89	26.02	31.20	37.47	8.82	10.72	12.69	15.10
中蒙俄地区	65.68	89.85	106.50	124.64	63.69	87.13	103.21	120.66
中亚地区	0.90	1.45	1.89	2.52	0.78	1.18	1.49	1.94
丝路共建地区	151.54	202.80	235.75	273.53	110.77	150.87	178.31	209.44

从水资源承载指数看（表 5-12），丝路全域和分区在两种情况下均呈下降态势，其中南亚承载力和实际人口上升速率相差较小，承载指数平稳波动。考虑外来水的情况下，丝路共建地区及各分区均未出现超载，承载状态相对较差的西亚–中东地区由现状的平衡有余稳定提升至富富有余状态；不考虑外来水的情况下，南亚水资源承载状态较差，一直处于临界超载状态，而西亚–中东地区则由临界超载状态稳定提升到盈余状态。

表 5-12　分区未来水资源承载指数

区域	考虑外来水情况下水资源承载指数				不考虑外来水情况下水资源承载指数			
	现状	2030 年	2040 年	2050 年	现状	2030 年	2040 年	2050 年
东南亚地区	0.21	0.18	0.17	0.15	0.32	0.27	0.24	0.21
南亚地区	0.59	0.54	0.55	0.55	1.25	1.10	1.11	1.09
西亚–中东地区	0.92	0.72	0.59	0.44	1.19	0.91	0.71	0.51
中东欧地区	0.09	0.06	0.05	0.04	0.20	0.16	0.13	0.10
中蒙俄地区	0.24	0.18	0.15	0.12	0.25	0.18	0.15	0.12
中亚地区	0.76	0.58	0.50	0.41	0.88	0.72	0.63	0.54
丝路共建地区	0.31	0.26	0.23	0.20	0.42	0.34	0.30	0.27

从国别尺度未来水资源承载力变化分布看（图 5-8），在考虑外来水和不考虑外来水两种情况下，大多数国家未来水资源承载力相对现状承载力均为正偏差，即水资源承载力上升，2030 年到 2050 年，水资源承载力的偏差幅度逐渐扩大。然而 2030 年叙利亚、蒙古国和巴勒斯坦，以及 2040 年和 2050 年巴勒斯坦、蒙古国和波黑水资源承载力却为负偏差，由于这几个国家水资源可利用量变化很小甚至没有变化，而人均综合用水量却略有上升，导致水资源承载力相对现状出现负偏差。

从未来水资源承载状态分布看（图 5-9），考虑外来水的情况下，不同程度超载的国

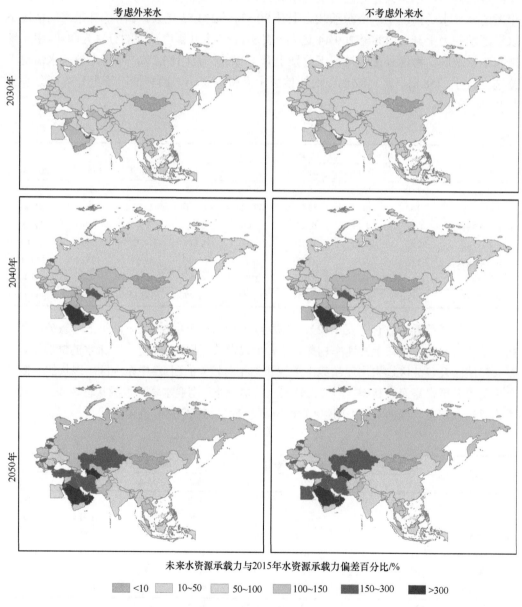

未来水资源承载力与2015年水资源承载力偏差百分比/%

<10　　10~50　　50~100　　100~150　　150~300　　>300

图 5-8　共建国家未来水资源承载力与现状水资源承载力的偏差分布图

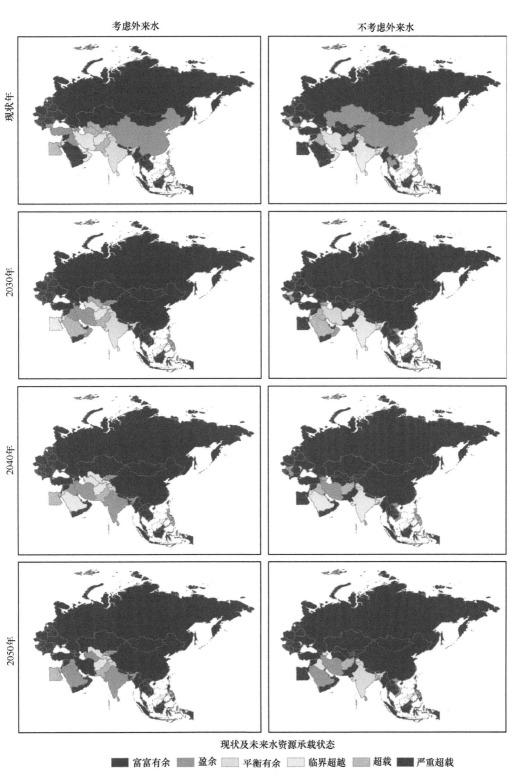

图 5-9 共建国家现状及未来水资源承载状态分布图

家由现状的 15 个，逐步下降到 2030 年和 2040 年的 11 个，再到 2050 年的 9 个；其中严重超载的国家由现状的 4 个下降至 2050 年的 2 个，这两个国家为也门和叙利亚。考虑外来水的情况下，不同程度超载的国家由现状的 23 个，逐步下降到 2030 年 14 个、2040 年的 15 个、2050 年的 13 个；其中严重超载的国家由现状的 10 个下降至 2050 年的 6 个，这 6 个严重超载的国家为埃及、土库曼斯坦、也门、叙利亚、巴基斯坦和乌兹别克斯坦。两种情况下未来水资源承载状态较差的国家均分布在西亚–中东、中亚和南亚。

第6章 水资源承载力提升策略

丝路共建国家经济发展不均衡，总体发展水平偏低，人口密度相对较高，平均水资源偏低，水资源问题突出。基于丝路共建国家水资源承载力研究，面向丝路共建地区水资源问题，根据水资源承载力的不同情况，分类型、分地区提出水资源承载力提升策略。水资源承载力提升策略以水资源可持续利用为目标，对丝路共建地区水资源进行合理开发、高效利用、综合治理、优化配置、全面节约、有效保护和科学管理，推动"一带一路"高质量发展。

6.1　不同水资源承载状态下的提升策略

根据水资源承载力评价结果，统筹国家、地区、流域、区域，针对水资源承载类型，实行分区管理，精准施策，促进水资源均衡开发利用。

6.1.1　超载地区水资源承载力提升策略

对于超载地区，提升水资源承载力的途径主要包括：

（1）加强水资源管理。建立科学的水资源管理体制，完善法律法规，加强监管力度，加强对水资源的保护和管理。加强水资源管理的组织机构建设，提高管理人员的专业素质和管理水平，确保水资源管理工作的科学性、规范性和有效性。通过加强水资源管理，实现水资源的高效利用和保护，促进可持续社会经济发展。

（2）加强水资源节约利用，提高水资源利用效率。农业节水方面：大力推进节水灌溉，推广喷灌、微灌、集雨补灌、水田控制灌溉和水肥一体化等高效节水技术，开展农业用水精细化管理，科学合理制定灌溉规划；优化调整作物种植结构，扩大低耗水和耐旱作物种植比例。

工业节水方面：大力推进工业节水改造升级，完善用水技术、工艺、产品和设备目录；开展高耗水工业行业节水技术改造，大力推广工业水循环利用。

城镇节水方面：将节水落实到城镇规划、建设、管理各环节，落实城市节水各项基础管理制度；降低供水管网漏损，加强公共供水系统运行监督管理；深入开展公共领域节水；严控高耗水服务业用水等。

（3）调整经济发展结构，优化产业布局。优化调整产业布局和结构，鼓励创新型产业、绿色产业发展，减少高耗水、高污染的产业，发展节水型产业和清洁产业，如节水灌溉、生态农业、生态旅游等。

（4）积极推进非常规水的开发利用。大力挖掘非常规水源开发利用潜力，缓解用水矛盾。加强再生水、海水、雨水、矿井水和苦咸水等非常规水开发利用。很多水资源超载的西亚–中东国家位于沿海地区，可以大力发展海水淡化产业。

（5）强化国际合作。加强国际合作，推动跨境水资源的开发利用和管理，共同应对国家和地区水资源安全挑战。加强国际合作，借鉴国际先进水资源管理经验，推进水资源的共享和协作，实现区域水资源的协同管理。

6.1.2 未超载区水资源承载力提升策略

对未超载地区水资源承载力的提升策略包括：

（1）充分开发利用水资源。增加水资源的利用途径，提高水资源的利用率。通过收集和储存雨水来增加水资源的供应，建造水库和集雨池来储存雨水，用于灌溉、工业生产和居民用水等方面。发展农业生产，增加农作物产量，增加经济效益。发展水资源相关的产业，例如发电、水泥、造纸等，充分利用水资源的优势。

（2）促进水资源合理配置。通过优化水资源配置和供需结构，促进水资源的合理配置。将富余水资源用于统筹调配，预防国家和地区重大供水安全风险。

（3）加强水资源保护。保护水资源的生态环境，加强水源地环境监测和保护，防止污染和破坏，维护水资源生态系统的健康。

（4）推广节水文化。通过宣传教育，培养节水意识和习惯，形成节水文化，从而减少对水资源的浪费。

6.1.3 水资源承载力提升策略优先级

丝路共建国家众多，不同国家水资源基础、开发利用状况不同，水资源承载禀赋和承载状态不同，因此不同国家水资源提升策略的优先级不同。

根据第5章水资源承载力评价成果，依据水资源承载类型和水资源承载强弱程度将65个共建国家进行分类，分类结果见表6-1，该表是考虑外来水的情况下的分类，对于外来水依赖率较高的国家。水资源承载状态反映了现实人水平衡关系。水资源承载力强弱反映了水资源承载力的本底禀赋。提升水资源承载力的策略，但针对不同水资源承载类型的地区，水资源承载力提升策略的优先级不同。

对于水资源超载且承载力较弱的国家（如科威特、土库曼斯坦等），这种类型的国家主要分布在西亚–中东地区和中亚地区干旱地区，以资源型缺水为主，提升水资源承载力的思路是"多措并举，开源节流"，"开源"是指充分开发利用非常规水、合理利用地下水等，"节流"是指提高水资源利用效率、节约用水、压减高耗水行业。对于水资源超载但承载力较强或中等的国家（如新加坡），应优先提高水资源利用效率、节约利用水资源。承载力较弱但水资源盈余或平衡的国家应合理优化配置水资源，重视节水宣传。对于水资源盈余但承载力较强的国家，应加强开发利用水资源，提高水资源开发利用率，发展水相关产业，提高经济效益。另外，对于外来水依赖率较高的国家，还应加强跨境水资源合作。

表 6-1　水资源承载类型分类表

	盈余	平衡	超载
较强	阿尔巴尼亚、不丹、波黑、**柬埔寨**、**克罗地亚**、格鲁吉亚、**拉脱维亚**、立陶宛、马来西亚、马尔代夫、黑山、尼泊尔、巴勒斯坦、**罗马尼亚**、**斯洛伐克**	**孟加拉国**、塞尔维亚、**越南**	巴林、匈牙利、新加坡
中等	白俄罗斯、文莱、中国、捷克、印度尼西亚、老挝、黎巴嫩、马其顿、缅甸、菲律宾、波兰、俄罗斯、斯洛文尼亚、泰国、土耳其、乌克兰	印度、**摩尔多瓦**、斯里兰卡	以色列
较弱	保加利亚、爱沙尼亚、哈萨克斯坦、吉尔吉斯斯坦、蒙古国、塔吉克斯坦、东帝汶	亚美尼亚、伊朗、阿曼、卡塔尔	阿富汗、**阿塞拜疆**、埃及、伊拉克、**约旦**、科威特、**巴基斯坦**、沙特阿拉伯、**叙利亚**、土库曼斯坦、阿联酋、**乌兹别克斯坦**、也门

注：黑色加粗字体的国家表示外来水依赖率超过 50% 的国家。

6.2　不同地区水资源承载力提升策略

丝路共建地区不同区域水资源承载力不同，水资源超载的原因也各不相同。对不同地区水资源超载的原因进行分析，给出相对应的水资源承载力提升策略和调控对策。

6.2.1　东南亚地区

东南亚地区高温多雨、水资源丰富，但径流的高时空变异性造成了季节性缺水，洪涝灾害严重。新加坡是东南亚唯一的缺水国家，由于国土面积狭小蓄水能力不足，人均可再生水资源量较少。东南亚地区的降雨量时空分布不均，水资源的利用和分配需要大力改善。需要通过建设大型水库和水利工程来收集和储存雨水，提高水资源的储备和分配能力。东南亚地区的农业产业占据了很大的比例，因此需要建立完善的灌溉系统，提高农作物的产量，增加经济效益。

6.2.2　南亚地区

南亚地区国家水资源量丰富，但可利用率偏低，加上时空分布不均匀，水资源尚未得到有效利用，水资源短缺问题比较普遍。南亚国家洪水和干旱问题共存，水资源时空分布不均，南亚地区国家水库库容普遍较小，降水季节变化较大，水资源在时间上分布极为不均，雨季降水丰富，旱季降水稀少，雨季大量洪水资源因无法调蓄而浪费。修建水利工程可以用于供水、防洪和发电，也可应对气候变化背景下的干旱与洪涝灾害。

南亚地区人口众多，人均水资源不足，跨境河流引发的水争端时常发生，未来随着气候变化和人口的增长，该问题还可能会进一步激化，因此解决跨境河流的水资源分配问题对缓解南亚地区水资源短缺问题，保证地区政治安全至关重要。

6.2.3　西亚–中东地区

西亚–中东地区降水稀少、气候干旱，加上过度开采地下水，造成水环境污染、水生态破坏。考虑到该地区水资源的稀缺性和政治环境的复杂性，水资源在很大程度上影响着其政治安全和社会稳定，因此建立良好的国际合作关系对于维持地区政治稳定，共同应对水资源短缺问题是很必要的。

由于西亚–中东地区多数国家以资源性缺水为主，应建立水资源补充体系，积极开发利用非常规水源，包括雨水收集、海水淡化、中水回用等。

6.2.4　中东欧地区

中东欧地区整体水资源承载状态较好，但中东欧小国较多，发展水平不一致，政治制度存在差异。主要水资源提升策略包括：建立合理的水资源管理政策和法规体系，明确水资源的归属、管理和使用权，促进水资源的合理开发和利用。加强水资源监测和管理，推广绿色环保产业，降低水资源利用的环境风险；加强水环境保护，防治水污染，维护水资源生态系统的健康；加强区域合作，吸收和借鉴先进水资源管理经验，推进水资源的共享和协作，实现区域水资源的协同管理。

6.2.5　中蒙俄地区

中国应统筹协调城市水资源承载与用地规模；规划水土平衡、协调空间发展分布格局；调整人口空间布局，优化人口结构；协调水资源与社会经济发展矛盾，推动工业企业节约用水，打造经济增长、集约用水、绿色可持续的高质量发展道路。

蒙古国水资源本底较为薄弱，目前水资源尚未超载，因此在未来水资源开发利用时应提高水资源利用效率、防止水污染。

俄罗斯有着丰富的淡水资源，但水资源开发利用率较低，因此俄罗斯应加大水资源开发利用率，发展灌溉农业、水相关产业，增加经济效益。

6.2.6　中亚地区

中亚地区国家大部分淡水都以高山冰川和深层地下水的形式存在，用水结构不合理，水利基础设施建设相对滞后。中亚地区国家水资源利用率非常低，人均综合用水量全球排名前十，农业单位产量的用水量是发达国家的 2.5～3 倍。

因此，中亚地区国家应提高用水效率，加快水利基础设施建设。对老旧供水设施进行改造、加快建设和完善灌溉设施和系统、发展节水灌溉、发展工业废水净化处理与再利用技术等。

6.3　不同水资源承载力提升途径适用国家

由 5.1 节水资源承载力的计算公式可以看出，提高水资源承载力的方法有四个：提高可利用水资源量、开发非常规水源、降低生活福利水平、提高用水效率。其中降低生活福利水平不符合社会发展规律，不应作水资源承载力提升途径。本研究讨论的非常规水量仅指海水淡化水资源量。水资源可利用量一般限定在可更新淡水资源的范围，主要是从可持续性开发利用的角度考虑，而海水淡化也是一种水资源可持续利用的手段，因此本研究也将其纳入提高可利用水资源量的途径中。另外，提高水资源可利用量途径还包括：兴修水利工程和设施，提高水资源调蓄能力；强化水污染治理，提升水环境质量；跨境水资源合作开发利用等。提高用水效率包括两种类型：维持现有产业结构不变而提高不同行业的用水效率，优化产业结构以实现提高综合用水效率。综上，可以将水资源承载力提升途径分为两大类：提高可利用水资源量和提高用水效率。表 6-2 对不同水资源承载力提升途径适用的国家进行筛选。

表 6-2　不同水资源承载力提升途径适用的国家

大类	小类	筛选条件	策略适用国家
增加水资源供给	兴修水利工程设施，提高水资源调蓄能力	最大 4 个月降水占全年比例>60%，多年平均降水量>300mm	巴勒斯坦、印度、以色列、黎巴嫩、尼泊尔、阿富汗、孟加拉国、缅甸、老挝、中国、不丹、巴基斯坦、东帝汶、越南、泰国、柬埔寨
	开发利用非常规水源，缓解水资源短缺	沿海，人均水资源量<2000m³	阿联酋、沙特阿拉伯、卡塔尔、以色列、科威特、巴林、阿曼、埃及、伊朗、约旦、黎巴嫩、也门、马尔代夫、伊拉克、中国、新加坡、波兰、巴勒斯坦、印度、捷克、匈牙利、巴基斯坦
	强化水污染治理，提升水环境质量	全球环境绩效指数（Wolf et al., 2022）<0.4	巴基斯坦、印度、老挝、尼泊尔、孟加拉国、阿富汗、印度尼西亚、缅甸、塔吉克斯坦、不丹、柬埔寨、菲律宾、埃及
	强化跨境水资源合作，保障跨境水资源安全	外来水依赖率>50%	科威特、埃及、土库曼斯坦、巴林、匈牙利、塞尔维亚、孟加拉国、摩尔多瓦、乌兹别克斯坦、罗马尼亚、巴基斯坦、阿塞拜疆、斯洛伐克、柬埔寨、叙利亚、乌克兰、克罗地亚、伊拉克、越南、以色列、拉脱维亚
提高用水效率	提高产业用水效率	现状单位 GDP 用水量与低生活福利水平低用水效率标准下单位 GDP 用水量偏差百分比>50%	土库曼斯坦、吉尔吉斯斯坦、东帝汶、塔吉克斯坦、叙利亚、阿富汗、伊拉克、巴基斯坦、老挝、越南、菲律宾、阿塞拜疆、伊朗、缅甸、乌兹别克斯坦、埃及、保加利亚、哈萨克斯坦、印度、印度尼西亚、斯里兰卡、亚美尼亚、尼泊尔、爱沙尼亚、泰国
	优化产业结构	低生活福利水平低用水效率标准下百万方水承载力<1000人或第一产业产值占比超过10%	乌兹别克斯坦、尼泊尔、柬埔寨、缅甸、阿富汗、巴基斯坦、塔吉克斯坦、阿尔巴尼亚、叙利亚、老挝、越南、亚美尼亚、也门、印度、东帝汶、吉尔吉斯斯坦、孟加拉国、不丹、蒙古国、印度尼西亚、乌克兰、摩尔多瓦、埃及、马其顿、伊朗、菲律宾、土库曼斯坦、黑山

参考文献

邴建平, 邓鹏鑫, 吴智, 等. 2023. 赣江流域生态流量与地表水资源可利用量研究. 人民长江, 54(2): 127-131, 170.

代富强, 吕志强, 周启刚. 2012. 生态承载力约束下的重庆市适度人口规模情景预测. 人口与经济, (5): 80-86.

樊杰. 2019. 资源环境承载能力和国土空间开发适宜性评价方法指南. 北京: 科学出版社.

樊杰, 周侃, 王亚飞. 2017. 全国资源环境承载能力预警(2016 版)的基点和技术方法进展. 地理科学进展, 36(3): 266-276.

封志明. 1993. 土地承载力研究的源起与发展. 自然资源, (6): 74-79.

封志明, 李鹏. 2018. 承载力概念的源起与发展: 基于资源环境视角的讨论. 自然资源学报, 33(9): 1475-1489.

封志明, 刘登伟. 2006. 京津冀地区水资源供需平衡及其水资源承载力. 自然资源学报, 21(5): 689-699.

封志明, 杨艳昭, 江东, 等. 2016. 自然资源资产负债表编制与资源环境承载力评价. 生态学报, 36(22): 7140-7145.

封志明, 杨艳昭, 闫慧敏, 等. 2017. 百年来的资源环境承载力研究: 从理论到实践. 资源科学, 39(3): 379-395.

封志明, 杨艳昭, 游珍. 2014. 中国人口分布的水资源限制性与限制度研究. 自然资源学报, 29(10): 1637-1648.

冯尚友. 1991. 水资源系统工程. 武汉: 湖北科学技术出版社.

傅湘, 纪昌明. 1999. 区域水资源承载能力综合评价——主成分分析法的应用. 长江流域资源与环境, 8(2): 168-173.

高吉喜. 2001. 可持续发展理论探索. 北京: 中国环境科学出版社.

高彦春, 刘昌明. 1997. 区域水资源开发利用的阈限分析. 水利学报, (8): 74-80.

国家统计局. 2022. "一带一路"建设成果丰硕 推动全面对外开放格局形成——党的十八大以来经济社会发展成就系列报告之十七.

何大明, 刘昌明, 冯彦, 等. 2014. 中国国际河流研究进展及展望. 地理学报, 69(9): 1284-1294.

郇松桦, 刘秀丽. 2022. 海水淡化业发展现状及生产成本动态对比分析. 水利经济, 40(4): 28-33, 78, 92.

贾嵘, 薛惠峰, 解建仓, 等. 1998. 区域水资源承载力研究. 西安理工大学学报, 14(4): 54-59.

贾绍凤. 2020. "一带一路"共建国家径流系数和径流深数据(2015).

贾绍凤, 张军岩, 张士锋. 2002. 区域水资源压力指数与水资源安全评价指标体系. 地理科学进展, 21(6): 538-545.

贾绍凤, 周长青, 燕华云, 等. 2004. 西北地区水资源可利用量与承载能力估算. 水科学进展, 15(6): 801-807.

姜大川. 2018. 气候变化下流域水资源承载力理论与方法研究. 北京: 中国水利水电科学研究院.

景跃军, 陈英姿. 2006. 关于资源承载力的研究综述及思考. 中国人口资源与环境, 16(5): 11-14.

李丽娟, 郭怀成, 陈冰, 等. 2000. 柴达木盆地水资源承载力研究. 环境科学, (2): 20-23, 11.

李煜连, 钟小敏, 帅红, 等. 2022. 湘江流域洪水资源可利用量与水库调蓄方案研究. 水电能源科学, 40(1): 78-81, 210.

刘东, 封志明, 杨艳昭. 2012. 基于生态足迹的中国生态承载力供需平衡分析. 自然资源学报, 27(4): 614-624.

刘晓丽. 2013. 城市群地区资源环境承载力理论与实践. 北京: 中国经济出版社.

刘振伟, 陈少辉. 2020. "一带一路"共建国家水资源及开发利用. 干旱区研究, 37(4): 809-818.

毛汉英, 余丹林. 2001. 环渤海地区区域承载力研究. 地理学报, 56(3): 363-371.

穆莹, 王金丽. 2020. 几种非常规水资源应用现状及利用前景. 科技视界, (11): 222-224.

齐文虎. 1987. 资源承载力计算的系统动力学模型. 自然资源学报, 2(1): 38-48.

齐亚彬. 2005. 资源环境承载力研究进展及其主要问题剖析. 中国国土资源经济, 18(5): 7-11, 46.

热孜娅·阿曼. 2021. 新疆水资源承载力评价及量水发展模式研究. 乌鲁木齐: 新疆大学.

任高珊, 李援农, 蒋耿民. 2010. 基于模糊综合评判法的榆林水资源承载力评价. 人民黄河, 32(5): 56-57.

施雅风, 曲耀光. 1992. 乌鲁木齐河流域水资源承载力及其合理利用. 北京: 科学出版社.

水利部水利水电规划设计总院. 2014. 中国水资源及其开发利用调查评价. 北京: 中国水利水电出版社.

宋子成, 孙以萍. 1981. 从我国淡水资源看我国现代化后能养育的最高人口数量. 人口与经济, (4): 3-7.

孙楠, 靳慧. 2017. 不同气候路径下中国人口会如何变化? 中国气象报, 3.

唐剑武, 郭怀成, 叶文虎. 1997. 环境承载力及其在环境规划中的初步应用. 中国环境科学, 17(1): 8-11.

王存同. 2008. 再论马尔萨斯. 中国人口科学, (3): 86-94, 96.

王浩, 陈敏建, 秦大庸. 2003. 西北地区水资源合理配置和承载能力研究. 郑州: 黄河水利出版社.

王浩, 秦大庸, 王建华, 等. 2004. 西北内陆干旱区水资源承载能力研究. 自然资源学报, 19(2): 151-159.

王家骥, 姚小红, 李京荣, 等. 2000. 黑河流域生态承载力估测. 环境科学研究, 13(2): 44-48.

王建华, 姜大川, 肖伟华, 等. 2017. 水资源承载力理论基础探析: 定义内涵与科学问题. 水利学报, 48(12): 1399-1409.

王友贞. 2005. 区域水资源承载力评价研究. 南京: 河海大学.

夏军. 2002. 水资源安全的度量: 水资源承载力的研究与挑战(一). 海河水利, (2): 5-7.

夏军, 朱一中. 2002. 水资源安全的度量: 水资源承载力的研究与挑战. 自然资源学报, 17(3): 262-269.

谢高地, 周海林, 甄霖, 等. 2005. 中国水资源对发展的承载能力研究. 资源科学, 27(4): 2-7.

新疆水资源软科学课题研究组. 1989. 新疆水资源及其承载能力和开发战略对策. 水利水电技术, (6): 2-9.

许有鹏. 1993. 干旱区水资源承载能力综合评价研究——以新疆和田河流域为例. 自然资源学报, 8(3): 229-237.

徐中民, 程国栋. 2000. 运用多目标决策分析技术研究黑河流域中游水资源承载力. 兰州大学学报, 36(2): 122-132.

严家宝, 贾绍凤, 吕爱锋, 等. 2021. 中国国际河流水资源评价与机器学习应用. 武汉: 湖北科学技术出版社.

杨艳昭, 封志明, 孙通, 等. 2019. "一带一路"共建国家水资源禀赋及开发利用分析. 自然资源学报, 34(6): 1146-1156.

姚檀栋. 2018. 泛第三极环境变化与对策. 中国科学院院刊, 33(Z2): 44-46.

姚治君, 刘宝勤, 高迎春. 2005. 基于区域发展目标下的水资源承载能力研究. 水科学进展, 16(1): 109-113.

张宏亮, 何波. 2013. 从承载力的属性分析承载力研究的理论基础. 中国国土资源经济, 26(8): 57-60.

张丽, 董增川, 张伟. 2003. 水资源可持续承载能力概念及研究思路探讨. 水利学报, (10): 108-112+118.

张永勇, 夏军, 王中根. 2007. 区域水资源承载力理论与方法探讨. 地理科学进展, 26(2): 126-132.

中国政府网. 2023. 开创改革开放新局面. http://www.gov.cn/xinwen/2023-02/26/content_5743339.htm [2023-03-04].

周侃, 樊杰. 2015. 中国欠发达地区资源环境承载力特征与影响因素——以宁夏西海固地区和云南怒江州为例. 地理研究, 34(1): 39-52.

朱一中, 夏军, 谈戈. 2002. 关于水资源承载力理论与方法的研究. 地理科学进展, 21(2): 180-188.

朱一中, 夏军, 王纲胜. 2004. 西北地区水资源承载力宏观多目标情景分析与评价. 中山大学学报(自然科学版), 43(3): 103-106.

左其亭. 2017. 水资源承载力研究方法总结与再思考. 水利水电科技进展, 37(3): 1-6, 54.

左其亭, 郝林钢, 马军霞, 等. 2018. "一带一路"分区水问题与借鉴中国治水经验的思考. 灌溉排水学报, 37(1): 1-7.

Antonio T, Robert J Z. 2019. Global Aridity Index and Potential Evapotranspiration (ET0) Climate Database v2 [Data set]. https://figshare.com/articles/dataset/Global_Aridity_Index_and_Potential_Evapotranspiration_ ET0_Climate_Database_v2/7504448/3[2023-03-13].

Arrow K, Bolin B, Costanza R, et al. 1995. Economic Growth, Carrying Capacity, and the Environment. Science, 268(5210): 520-521.

Bacaër N. 2011. Verhulst and the logistic equation (1838). //In Bacaër N.(Ed.), A Short History of Mathematical Population Dynamics. London: Springer: 35-39.

Beck H E, Roo A de, Dijk A I J M van. 2015. Global Maps of Streamflow Characteristics Based on Observations from Several Thousand Catchments. Journal of Hydrometeorology, 16(4): 1478-1501.

Beck H E, Wood E F, Pan M, et al. 2019. MSWEP V2 Global 3-Hourly 0.1° Precipitation: Methodology and Quantitative Assessment. Bulletin of the American Meteorological Society, 100(3): 473-500.

Eurostat. 2023. Database - Eurostat. https://ec.europa.eu/eurostat/web/main/data/database[2023-03-13].

Falkenmark M, Lundqvist J, and Widstrand C. 1989. Macro-scale water scarcity requires micro-scale approaches. Natural Resources Forum, 13(4): 258-267.

FAO. 1995. Water resources of African countries: a review. Rome: FAO.

FAO. 2005. KEY WATER RESOURCES STATISTICS IN AQUASTAT. https://www.fao.org/3/i9241en/ i9241en.pdf[2023-03-20].

FAO. 2016. AQUASTAT - FAO's Global Information System on Water and Agriculture. FAO. 2016. AQUASTAT - FAO's Global Information System on Water and Agriculture. http://fao.org/aquastat/ statistics/query/index.html[2023-03-13].

Gassert F, Reig P, Shiao T, et al. 2015. Aqueduct Global Maps 2.1. https://www.wri.org/research/aqueduct-global-maps-21[2023-03-24].

Henriksen H J, Troldborg L, Højberg A L, et al. 2008. Assessment of exploitable groundwater resources of Denmark by use of ensemble resource indicators and a numerical groundwater-surface water model. Journal of Hydrology, 348(1): 224-240.

Huang Z, Hejazi M, Li X, et al. 2018. Reconstruction of global gridded monthly sectoral water withdrawals for 1971-2010 and analysis of their spatiotemporal patterns. Hydrology and Earth System Sciences, 22(4): 2117-2133.

IFRI. 2022. The Geopolitics of Seawater Desalination. https://www.ifri.org/en/publications/etudes-de-lifri/ geopolitics-seawater-desalination[2023-03-20].

IIASA. 2012. Water Futures and Solutions (WFaS). https://iiasa.ac.at/projects/wfas[2023-03-27].

Kessler J J. 1994. Usefulness of the human carrying capacity concept in assessing ecological sustainability of land-use in semi-arid regions. Agriculture, Ecosystems & Environment, 48(3): 273-284.

Kummu M, Taka M, Guillaume J H A. 2018. Gridded global datasets for Gross Domestic Product and Human Development Index over 1990–2015. Scientific Data, 5(1): 180004.

Lehner B, Liermann C R, Revenga C, et al. 2011. High-resolution mapping of the world's reservoirs and dams for sustainable river-flow management. Frontiers in Ecology and the Environment, 9(9): 494-502.

Malthus T R. 1798. An Essay on the Principle of Population. London: J. Johnson in St Paul's Church-yard.

Meadows D H, Meadows D L, Randers J, et al. 1972. The Limits to Growth: A Report for the Club of Rome's Project on the Predicament of Mankind. New York: Universe Books.

Mulligan M, van Soesbergen A, Sáenz L. 2020. GOODD, a global dataset of more than 38, 000 georeferenced dams. Scientific Data, 7(1): 31.

Park R E, Burgess E W. 1921. Introduction to the Science of Sociology. Chicago: University of Chicago Press.

Pedro-Monzonís M, Ferrer J, Solera A, et al. 2015. Key issues for determining the exploitable water resources in a Mediterranean river basin. Science of The Total Environment, 503-504: 319-328.

Shiklomanov I A, Rodda J C. 2004. World Water Resources at the Beginning of the Twenty-First Century.

World Water Resources at the Beginning of the Twenty-First Century. Cambridge: Cambridge University Press.

Sood A, Smakhtin V, Eriyagama N, et al. 2017. Global environmental flow information for the sustainable development goals. Colombo: International Water Management Institute (IWMI).

UN. 2022. World Population Prospects 2022. https://population.un.org/wpp/[2023-04-10].

UNEP-DHI, UNEP. 2016. Transboundary River Basins: Status and Trends. Nairobi: United Nations Environment Programme (UNEP).

UNESCO, FAO. 1985. Carrying Capacity Assessment with a Pilot Study of Kenya: Population - Resources - Environment - Development. A Resource Accounting Methodology for Exploring National Options for Sustainable Development, Final Report. Rome: FAO.

Vogt W. 1948. Road to Survival. New York: William Sloane Associates.

Wada Y, Flörke M, Hanasaki N, et al. 2016. Modeling global water use for the 21st century: the Water Futures and Solutions (WFaS) initiative and its approaches. Geoscientific Model Development, 9(1): 175-222.

WMO. 2012. Technical Material for Water Resources Assessment. Geneva: WMO.

Wolf M J, Emerson J W, Esty D C, et al. 2022. 2022 Environmental Performance Index - Unsafe drinking water. https://epi.yale.edu/epi-results/2022/component/uwd[2023-04-10].

World Bank. 2023. World Bank Climate Change Knowledge Portal. https://climateknowledgeportal.worldbank.org/country/montenegro/climate-data-historical[2023-03-13].

Yan D, Zhang X, Qin T, et al. 2022. A data set of distributed global population and water withdrawal from 1960 to 2020. Scientific Data, 9(1): 640.

附　表

附表 1 共建国家水资源情况表

国家	地区	降水深/mm	降水量/亿 m³	水资源量/亿 m³	地表水量/亿 m³	地下水量/亿 m³	外来水量/亿 m³	生态环境需水量/亿 m³	水资源可利用量/亿 m³	海水淡化量/亿 m³
阿富汗	南亚	327	2135	471.5	375	106.5	181.8	282.9	158.26	—
阿尔巴尼亚	中东欧	1485	412	269	230.5	62	33	135.6	113.61	—
亚美尼亚	西亚-中东	562	167	68.59	39.48	43.11	9.1	28.12	35.88	—
阿塞拜疆	西亚-中东	447	387	81.15	59.55	65.1	265.6	120.3	172.58	—
巴林	西亚-中东	83	1	0.04	0.04	0	1.12	0.204	0.96	2.416
孟加拉国	南亚	2666	3945	1050	839.1	210.9	11220.32	6003	3215.16	—
白俄罗斯	中东欧	618	1283	340	340	159	239	275.6	231.26	—
不丹	南亚	2200	845	780	780	81	0	541	234.59	—
波黑	中东欧	1028	526	355	343.4	115.7	20	224.4	137.69	—
文莱	东南亚	2722	157	85	85	1	0	58.46	15.96	—
保加利亚	中东欧	608	675	210	201	64	3	77.71	99.02	—
柬埔寨	东南亚	1904	3447	1206	1160	176	3555	2654	1279.86	—
中国	中蒙俄	645	61920	28129	27120	8288	273.2	14710	12235.94	0.109
克罗地亚	中东欧	1113	630	377	272	110	678	605.2	385.36	—
捷克	中东欧	677	534	131.5	131.5	14.3	0	65.74	48.68	0.002
埃及	西亚-中东	18	181	10	5	5	565	26	465.82	2
爱沙尼亚	中东欧	626	284	127.1	117.1	40	0.96	35.66	44.85	—
格鲁吉亚	西亚-中东	1026	715	581.3	569	172.3	52	326.3	226.09	—
匈牙利	中东欧	589	548	60	60	60	980	461	480.44	0.002
印度	南亚	1083	35601	14460	14040	4320	4649	9371	6925.90	0.006
印度尼西亚	东南亚	2702	51792	20187	19730	4574	0	12690	5915.00	0.19
伊朗	西亚-中东	228	3979	1285	973	493	85.45	227	916.58	2
伊拉克	西亚-中东	216	940	352	340	32	546.6	186.6	478.41	0.11
以色列	西亚-中东	435	96	7.5	2.5	5	10.3	6.209	11.59	5.03
约旦	西亚-中东	111	99	6.82	4.85	4.5	2.55	0.341	6.93	1.33
哈萨克斯坦	中亚	250	6812	643.5	565	338.5	440.6	363.1	670.48	11.9
科威特	西亚-中东	121	22	0	0	0	0.2	0.046	0.15	4.202
吉尔吉斯斯坦	中亚	533	1066	489.3	464.6	136.9	−253.12	82.16	97.78	—
老挝	东南亚	1834	4343	1904	1904	379	1431	1801	931.51	—
拉脱维亚	中东欧	667	431	169.4	165.4	47	180	179.7	128.14	—
黎巴嫩	西亚-中东	661	69	48	41	32	−2.97	14.21	21.21	0.473
立陶宛	中东欧	656	428	154.6	153.6	11	90.4	106.3	89.39	—

续表

国家	地区	降水深/mm	降水量/亿 m³	水资源量/亿 m³	地表水量/亿 m³	地下水量/亿 m³	外来水量/亿 m³	生态环境需水量/亿 m³	水资源可利用量/亿 m³	海水淡化量/亿 m³
马其顿	中东欧	619	159	54	54	0	10	22.68	29.66	—
马来西亚	东南亚	2875	9511	5800	5660	640	0	3850	1534.17	0.043
马尔代夫	南亚	1972	6	0.3	0	0.3	0	0.184	0.11	0.141
摩尔多瓦	中东欧	450	152	16.2	13.2	13	106.5	55.36	51.93	—
蒙古国	中蒙俄	241	3770	348	327	61	0	211.8	136.20	—
黑山	中东欧	1321	182	123.83	113	34	11	75	45.72	—
缅甸	东南亚	2091	14148	10028	9921	4537	1650	5950	2901.50	—
尼泊尔	南亚	1500	2208	1982	1982	200	120	959.4	552.88	—
阿曼	西亚–中东	125	387	14	10.5	13	0	3.253	10.75	2.39
巴基斯坦	南亚	494	3933	550	474	550	1918	837.9	825.30	—
巴勒斯坦	西亚–中东	402	24	8.12	0.72	7.4	0.25	1.359	5.62	0.039
菲律宾	东南亚	2348	7044	4790	4440	1800	0	1519	1332.86	—
波兰	中东欧	600	1876	536	531	125	69	316.1	244.65	0.07
卡塔尔	西亚–中东	74	9	0.56	0	0.56	0.02	0.093	0.49	5.328
罗马尼亚	中东欧	637	1519	423.8	420	83.8	1696.3	1052	921.68	—
俄罗斯	中蒙俄	460	78652	43120	40360	7880	2134.45	29530	15724.45	—
沙特阿拉伯	西亚–中东	59	1268	24	22	22	0	3.089	20.91	18.4
塞尔维亚	中东欧	566	500	135	123	38	1581	735	696.39	—
新加坡	东南亚	2497	18	6	6	0	0	3.876	0.71	0.072
斯洛伐克	中东欧	824	404	126	126	17.3	375	268.6	187.02	—
斯洛文尼亚	中东欧	1162	236	186.7	185.2	135	132	170.8	58.81	—
斯里兰卡	南亚	1712	1123	528	520	78	0	385.4	142.60	—
叙利亚	西亚–中东	252	467	71.32	42.88	48.44	96.7	55.73	57.98	—
塔吉克斯坦	中亚	691	977	634.6	604.6	60	−415.5	67.52	81.34	—
泰国	东南亚	1622	8323	2245.1	2133	419	2141	1896	1721.98	—
东帝汶	东南亚	1500	223	82.15	81.29	8.86	0	40.69	25.07	—
土耳其	西亚–中东	593	4657	2270	1860	690	−154	769.7	1029.70	0.0775
土库曼斯坦	中亚	161	786	14.05	10	4.05	233.6	53.55	148.40	—
乌克兰	中东欧	565	3410	551	501	220	1201.8	981	746.00	—
阿联酋	西亚–中东	78	56	1.5	1.5	1.2	0	0.251	1.25	20.05
乌兹别克斯坦	中亚	206	925	163.4	95.4	88	325.3	140	282.00	—
越南	东南亚	1821	6032	3594.2	3230	714.2	5247	4326	2937.35	—
也门	西亚–中东	167	882	21	20	15	0	5.72	6.45	0.251

附表 2　共建国家 2015 年水资源开发利用情况表

国家	地区	总用水量 /亿 m³	农业用水量 /亿 m³	工业用水量 /亿 m³	生活用水量 /亿 m³	总耗水量 /亿 m³	水资源开发利用率 /%	人均综合用水量 /m³	万美元 GDP 用水量 /m³	综合用水效率 /(美元/m³)
阿富汗	南亚	196.86	193.26	1.64	1.97	162.52	31.2	572	10520	0.76
阿尔巴尼亚	中东欧	9.20	6.40	1.30	2.80	5.79	3.0	318	808	9.55
亚美尼亚	西亚–中东	32.70	26.73	1.09	4.89	22.95	42.1	1118	3099	2.62
阿塞拜疆	西亚–中东	116.89	106.54	6.09	4.26	87.92	33.7	1215	2202	4.10
巴林	西亚–中东	4.29	1.38	0.14	2.77	1.33	370.1	313	138	71.81
孟加拉国	南亚	391.11	343.46	8.40	39.25	225.83	2.9	250	2011	4.65
白俄罗斯	中东欧	14.47	4.34	3.07	7.06	5.56	2.5	153	256	31.40
不丹	南亚	3.80	3.58	0.03	0.19	2.28	0.4	522	1897	4.58
波黑	中东欧	2.57	0.09	0.37	2.11	0.60	1.1	75	158	49.77
文莱	东南亚	1.75	0.06	0.06	1.63	0.15	1.7	423	136	74.45
保加利亚	中东欧	56.29	8.29	39.01	9.00	14.10	26.4	782	1112	7.42
柬埔寨	东南亚	24.22	22.77	0.37	1.09	14.40	0.5	156	1342	5.32
中国	中蒙俄	6233.00	4014.30	1391.25	827.45	2867.87	21.1	433	546	17.41
克罗地亚	中东欧	6.53	0.67	1.67	4.18	1.44	0.7	154	132	60.68
捷克	中东欧	16.00	0.54	9.36	6.13	2.74	12.2	151	85	103.27
埃及	西亚–中东	739.00	623.50	12.00	103.50	494.05	128.5	799	2326	4.35
爱沙尼亚	中东欧	15.80	0.05	15.17	0.58	2.71	12.3	1201	686	12.24
格鲁吉亚	西亚–中东	16.18	5.24	2.26	8.67	6.75	2.6	402	1082	7.63
匈牙利	中东欧	43.09	5.48	31.57	6.05	10.25	4.1	441	345	23.38
印度	南亚	6678.63	6037.97	149.19	491.46	4944.42	39.8	510	3111	2.79
印度尼西亚	东南亚	2205.54	1871.00	105.45	229.08	1308.99	10.9	854	2562	3.46
伊朗	西亚–中东	1036.95	955.82	12.23	68.91	707.09	68.1	1321	2636	3.66
伊拉克	西亚–中东	349.20	319.50	18.60	11.10	263.02	38.9	982	2094	4.73
以色列	西亚–中东	21.24	11.18	1.13	8.93	10.32	119.3	266	71	125.72
约旦	西亚–中东	10.07	5.14	0.37	4.56	4.76	107.5	109	261	33.49
哈萨克斯坦	中亚	216.65	132.30	61.20	23.15	114.94	20.0	1233	1175	7.70
科威特	西亚–中东	11.59	6.88	0.23	4.48	6.16	5796.0	302	101	113.58
吉尔吉斯斯坦	中亚	75.69	70.16	3.32	2.21	53.36	32.4	1270	11334	0.79
老挝	东南亚	78.50	75.50	1.70	1.30	52.04	2.4	1164	5455	1.42
拉脱维亚	中东欧	1.77	0.49	0.35	0.92	0.82	0.5	88	65	130.12
黎巴嫩	西亚–中东	18.40	7.00	9.00	2.40	6.96	40.9	282	368	24.88
立陶宛	中东欧	3.94	0.61	1.89	1.31	1.32	1.6	134	95	91.11

续表

国家	地区	总用水量 /亿 m³	农业用水量 /亿 m³	工业用水量 /亿 m³	生活用水量 /亿 m³	总耗水量 /亿 m³	水资源开发利用率 /%	人均综合用水量 /m³	万美元 GDP用水量 /m³	综合用水效率 /(美元/m³)
马其顿	中东欧	7.28	1.39	1.86	4.03	1.90	11.4	350	724	11.10
马来西亚	东南亚	146.44	66.84	43.79	35.81	20.94	0.9	484	486	18.77
马尔代夫	南亚	0.06	0.00	0.00	0.06	0.00	19.7	14	15	541.49
摩尔多瓦	中东欧	8.40	0.44	6.49	1.47	2.29	6.8	206	1085	7.15
蒙古国	中蒙俄	4.30	2.65	0.90	0.75	1.94	1.2	143	366	21.66
黑山	中东欧	1.80	0.02	0.70	1.08	0.22	1.2	287	444	17.30
缅甸	东南亚	373.90	331.11	5.58	37.21	204.93	2.9	710	5857	1.39
尼泊尔	南亚	94.45	92.69	0.29	1.47	66.36	4.5	350	4541	1.99
阿曼	西亚-中东	18.72	15.47	2.04	1.02	12.57	133.7	439	274	38.62
巴基斯坦	南亚	1966.70	1848.24	15.01	103.45	1227.38	74.3	986	7365	1.22
巴勒斯坦	西亚-中东	3.65	1.65	0.25	1.75	1.57	43.6	81	261	32.33
菲律宾	东南亚	864.01	679.40	99.31	85.30	486.41	18.0	846	2951	3.16
波兰	中东欧	105.03	9.92	74.63	20.48	23.34	17.4	276	220	39.29
卡塔尔	西亚-中东	8.13	2.30	1.15	4.68	2.58	1401.0	317	50	206.35
罗马尼亚	中东欧	64.65	12.91	41.74	10.30	18.53	3.0	324	363	23.08
俄罗斯	中蒙俄	624.60	175.00	285.80	163.80	224.55	1.4	431	457	18.78
沙特阿拉伯	西亚-中东	248.32	208.30	9.77	30.25	174.08	1034.7	783	380	26.31
塞尔维亚	中东欧	46.89	7.23	33.07	6.59	12.01	2.9	528	1182	6.50
新加坡	东南亚	6.65	0.27	3.39	2.99	0.81	110.8	119	22	436.80
斯洛伐克	中东欧	5.53	0.31	2.34	2.89	0.94	1.1	102	62	139.96
斯洛文尼亚	中东欧	8.97	0.04	7.29	1.64	1.37	2.8	433	208	40.54
斯里兰卡	南亚	132.07	115.38	8.48	8.21	81.61	24.5	632	1638	5.31
叙利亚	西亚-中东	168.00	147.05	6.17	14.78	121.43	99.8	933	8800	0.99
塔吉克斯坦	中亚	89.13	78.40	3.64	3.86	59.84	40.7	1054	11348	0.76
泰国	东南亚	592.00	535.02	28.69	28.30	360.13	13.1	862	1475	6.50
东帝汶	东南亚	14.59	13.33	0.02	1.23	7.31	14.3	1220	9151	0.94
土耳其	西亚-中东	556.94	482.90	16.78	57.26	401.31	26.3	709	644	12.89
土库曼斯坦	中亚	367.40	346.45	11.03	9.92	198.14	112.9	6602	10191	0.97
乌克兰	中东欧	96.52	29.97	41.62	24.93	37.56	5.5	215	1060	6.89
阿联酋	西亚-中东	49.64	25.90	0.40	23.34	23.97	3309.6	536	139	72.14
乌兹别克斯坦	中亚	551.36	507.70	19.59	24.07	385.60	112.8	1783	6736	1.31
越南	东南亚	985.00	933.61	36.91	14.48	535.32	9.3	1063	5097	1.72
也门	西亚-中东	46.80	42.47	0.85	3.48	26.67	169.8	177	1755	5.20

附表 3 共建国家基准条件下水资源承载力

国家	地区	不同生活福利水平和用水效率水平下水资源承载力/万人								
		高高	高中	高低	中高	中中	中低	低高	低中	低低
阿富汗	南亚	1749.64	601.43	103.89	4000.35	1375.11	237.54	7418.12	2549.95	440.49
阿尔巴尼亚	中东欧	1790.91	622.45	108.93	4094.71	1423.15	249.05	7593.09	2639.05	461.84
亚美尼亚	西亚-中东	633.46	224.16	39.98	1448.34	512.53	91.40	2685.76	950.41	169.49
阿塞拜疆	西亚-中东	1461.35	568.38	114.67	3341.20	1299.54	262.18	6195.81	2409.83	486.18
巴林	西亚-中东	147.75	75.06	25.26	337.82	171.62	57.75	626.45	318.24	107.10
孟加拉国	南亚	6323.80	2287.75	418.12	14458.64	5230.67	955.98	26811.64	9699.58	1772.74
白俄罗斯	中东欧	4678.49	1855.67	380.68	10696.82	4242.77	870.38	19835.84	7867.67	1614.00
不丹	南亚	5444.18	1965.50	358.75	12447.49	4493.88	820.25	23082.24	8333.31	1521.05
波黑	中东欧	4398.29	1788.33	376.47	10056.18	4088.81	860.76	18647.86	7582.16	1596.17
文莱	东南亚	926.89	415.00	107.54	2119.23	948.86	245.87	3929.83	1759.54	455.93
保加利亚	中东欧	3927.97	1707.45	398.35	8980.86	3903.89	910.79	16653.82	7239.25	1688.94
柬埔寨	东南亚	4887.66	1645.98	279.89	11175.06	3763.35	639.94	20722.69	6978.64	1186.68
中国	中蒙俄	387021.20	147437.48	28826.02	884879.36	337098.79	65907.37	1640892.51	625105.41	122216.55
克罗地亚	中东欧	5968.03	2697.81	673.32	13645.22	6168.24	1539.46	25303.26	11438.19	2854.73
捷克	中东欧	2366.85	1085.42	282.55	5411.52	2481.70	646.02	10034.95	4601.98	1197.95
埃及	西亚-中东	279.77	104.21	19.75	639.66	238.27	45.16	1186.17	441.85	83.73
爱沙尼亚	中东欧	1991.19	907.75	230.72	4552.63	2075.46	527.51	8442.25	3848.66	978.20
格鲁吉亚	西亚-中东	6432.57	2552.79	519.43	14707.33	5836.66	1187.61	27272.81	10823.32	2202.27
匈牙利	中东欧	1138.10	489.43	112.81	2602.12	1119.02	257.94	4825.30	2075.07	478.31
印度	南亚	109739.64	38929.17	6969.29	250907.02	89007.05	15934.47	465274.11	165051.88	29548.38
印度尼西亚	东南亚	145639.33	52297.07	9529.15	332987.53	119571.23	21787.30	617481.62	221729.13	40401.69
伊朗	西亚-中东	24577.00	9323.90	1801.32	56192.47	21318.02	4118.50	104201.55	39531.47	7637.22
伊拉克	西亚-中东	8057.95	3378.96	757.80	18423.58	7725.60	1732.62	34164.12	14326.12	3212.91
以色列	西亚-中东	520.85	264.98	85.89	1190.87	605.84	196.38	2208.32	1123.46	364.15
约旦	西亚-中东	253.66	108.34	24.65	579.96	247.71	56.37	1075.47	459.35	104.52
哈萨克斯坦	中亚	16328.72	6887.36	1541.96	37333.72	15747.15	3525.52	69230.49	29201.01	6537.62
科威特	西亚-中东	253.21	123.77	38.14	578.95	282.99	87.19	1073.58	524.77	161.69
吉尔吉斯斯坦	中亚	4631.98	1676.39	306.42	10590.49	3832.86	700.59	19638.66	7107.54	1299.14
老挝	东南亚	10356.42	3646.06	646.84	23678.76	8336.29	1478.91	43909.15	15458.55	2742.45
拉脱维亚	中东欧	2611.90	1173.86	289.08	5971.80	2683.90	660.94	11073.92	4976.94	1225.63
黎巴嫩	西亚-中东	989.09	455.43	116.82	2261.43	1041.29	267.09	4193.53	1930.93	495.28
立陶宛	中东欧	2434.87	1077.08	260.06	5567.05	2462.62	594.60	10323.37	4566.60	1102.60

续表

国家	地区	不同生活福利水平和用水效率水平下水资源承载力/万人								
		高高	高中	高低	中高	中中	中低	低高	低中	低低
马其顿	中东欧	689.94	262.12	50.60	1577.47	599.32	115.69	2925.21	1111.35	214.53
马来西亚	东南亚	49556.74	19146.78	3800.23	113305.76	43776.91	8688.78	210110.65	81178.53	16112.21
马尔代夫	南亚	8.91	3.80	0.85	20.36	8.69	1.95	37.76	16.11	3.61
摩尔多瓦	中东欧	171.62	63.71	11.96	392.39	145.66	27.36	727.63	270.10	50.73
蒙古国	中蒙俄	3243.19	1172.64	214.58	7415.19	2681.11	490.62	13750.49	4971.76	909.79
黑山	中东欧	1225.02	485.07	98.02	2800.88	1109.05	224.11	5193.86	2056.60	415.58
缅甸	东南亚	39222.36	13235.23	2256.60	89677.41	30260.83	5159.46	166294.98	56114.74	9567.54
尼泊尔	南亚	7137.00	2406.48	408.57	16317.92	5502.14	934.14	30259.43	10202.99	1732.25
阿曼	西亚-中东	691.19	309.19	78.44	1580.33	706.92	179.35	2930.51	1310.89	332.58
巴基斯坦	南亚	3012.49	1036.80	179.62	6887.72	2370.51	410.69	12772.37	4395.81	761.56
巴勒斯坦	西亚-中东	171.09	68.29	13.99	391.19	156.13	31.98	725.41	289.53	59.30
菲律宾	东南亚	38561.85	14710.07	2859.80	88167.22	33632.87	6538.61	163494.52	62367.74	12124.99
波兰	中东欧	10280.23	4721.48	1226.58	23504.56	10795.12	2804.42	43586.11	20018.13	5200.43
卡塔尔	西亚-中东	368.41	177.49	53.85	842.32	405.81	123.12	1561.98	752.51	228.30
罗马尼亚	中东欧	7441.74	3161.75	715.72	17014.67	7228.98	1636.42	31551.47	13405.19	3034.52
俄罗斯	中蒙俄	625676.70	269419.64	62348.28	1430537.62	615996.93	142552.15	2652744.06	1142285.38	264344.23
沙特阿拉伯	西亚-中东	1918.78	844.59	206.31	4387.06	1931.07	471.70	8135.23	3580.91	874.71
塞尔维亚	中东欧	1173.39	466.46	95.45	2682.81	1066.50	218.24	4974.92	1977.68	404.69
新加坡	东南亚	47.10	26.08	11.22	107.68	59.63	25.66	199.69	110.57	47.58
斯洛伐克	中东欧	2188.34	992.89	252.09	5003.38	2270.13	576.38	9278.11	4209.67	1068.82
斯洛文尼亚	中东欧	1666.91	776.03	207.02	3811.19	1774.31	473.33	7067.35	3290.23	877.73
斯里兰卡	南亚	4455.01	1735.47	346.50	10185.86	3967.96	792.22	18888.34	7358.05	1469.07
叙利亚	西亚-中东	465.37	161.74	28.37	1064.01	369.80	64.87	1973.06	685.75	120.28
塔吉克斯坦	中亚	3919.63	1339.21	230.84	8961.77	3061.94	527.79	16618.43	5677.97	978.72
泰国	东南亚	27620.83	10648.17	2103.86	63151.84	24345.80	4810.23	117106.79	45146.09	8919.93
东帝汶	东南亚	519.11	186.01	33.56	1186.89	425.29	76.74	2200.94	788.65	142.31
土耳其	西亚-中东	36647.29	14516.24	2963.95	83789.80	33189.71	6776.73	155377.18	61545.95	12566.55
土库曼斯坦	中亚	261.92	96.18	18.12	598.86	219.91	41.44	1110.51	407.80	76.84
乌克兰	中东欧	5620.70	2066.43	383.84	12851.08	4724.65	877.61	23830.63	8761.24	1627.41
阿联酋	西亚-中东	1232.39	605.18	186.20	2817.71	1383.68	425.72	5225.07	2565.85	789.44
乌兹别克斯坦	中亚	1240.54	412.80	69.36	2836.36	943.83	158.57	5259.66	1750.20	294.05
越南	东南亚	24044.31	8418.45	1488.79	54974.55	19247.82	3403.96	101943.07	35692.55	6312.19
也门	西亚-中东	137.30	49.04	8.82	313.91	112.12	20.17	582.11	207.90	37.40

附表 4　共建国家现状水资源承载状况评价表

国家	地区	考虑外来水				不考虑外来水			
		水资源承载力/万人	水资源承载密度/（人/km²）	水资源承载指数	水资源承载状态	水资源承载力/万人	水资源承载密度/（人/km²）	水资源承载指数	水资源承载状态
阿富汗	南亚	2766.51	42.38	1.24	临界超载	1996.65	30.58	1.72	超载
阿尔巴尼亚	中东欧	3569.37	1287.19	0.08	富富有余	3179.34	1146.54	0.09	富富有余
亚美尼亚	西亚-中东	321.01	107.94	0.91	平衡有余	283.41	95.30	1.03	临界超载
阿塞拜疆	西亚-中东	1420.70	164.05	0.68	盈余	332.49	38.39	2.89	严重超载
巴林	西亚-中东	107.75	1381.47	1.27	临界超载	78.26	1003.31	1.75	超载
孟加拉国	南亚	128452.14	8680.55	0.12	富富有余	10991.95	742.81	1.42	临界超载
白俄罗斯	中东欧	15085.84	726.68	0.06	富富有余	8858.70	426.72	0.11	富富有余
不丹	南亚	4493.53	1170.37	0.02	富富有余	4493.53	1170.37	0.02	富富有余
波黑	中东欧	18394.14	3591.90	0.02	富富有余	17413.12	3400.34	0.02	富富有余
文莱	东南亚	377.52	654.28	0.11	富富有余	377.52	654.28	0.11	富富有余
保加利亚	中东欧	1266.47	114.15	0.57	盈余	1248.63	112.54	0.58	盈余
柬埔寨	东南亚	82016.20	4530.28	0.02	富富有余	20775.37	1147.56	0.07	富富有余
中国	中蒙俄	282332.75	294.10	0.51	盈余	279617.03	291.27	0.51	盈余
克罗地亚	中东欧	24999.01	4417.25	0.02	富富有余	8933.30	1578.49	0.05	富富有余
捷克	中东欧	3225.89	409.01	0.33	富富有余	3225.89	409.01	0.33	富富有余
埃及	西亚-中东	5852.00	58.44	1.58	超载	126.36	1.26	73.16	严重超载
爱沙尼亚	中东欧	373.33	82.34	0.35	富富有余	370.53	81.72	0.35	富富有余
格鲁吉亚	西亚-中东	5624.91	807.02	0.07	富富有余	5163.05	740.75	0.08	富富有余
匈牙利	中东欧	10901.19	1171.79	0.09	富富有余	628.96	67.61	1.55	超载
印度	南亚	135865.98	413.31	0.96	平衡有余	102811.38	312.76	1.27	临界超载
印度尼西亚	东南亚	69297.66	361.52	0.37	富富有余	69297.66	361.52	0.37	富富有余
伊朗	西亚-中东	6953.21	39.84	1.13	临界超载	6520.61	37.36	1.20	临界超载
伊拉克	西亚-中东	4874.55	112.05	0.73	盈余	1910.14	43.91	1.86	超载
以色列	西亚-中东	624.34	282.89	1.28	临界超载	372.40	168.74	2.14	超载
约旦	西亚-中东	759.60	85.04	1.22	临界超载	586.18	65.63	1.58	超载
哈萨克斯坦	中亚	5534.65	20.31	0.32	富富有余	3324.48	12.20	0.53	盈余
科威特	西亚-中东	144.15	80.89	2.66	严重超载	139.04	78.02	2.76	严重超载
吉尔吉斯斯坦	中亚	769.86	38.50	0.77	盈余	1594.95	79.77	0.37	富富有余
老挝	东南亚	7999.32	337.81	0.08	富富有余	4566.93	192.86	0.15	富富有余
拉脱维亚	中东欧	14503.01	2245.26	0.01	富富有余	7031.51	1088.57	0.03	富富有余
黎巴嫩	西亚-中东	769.70	736.55	0.85	平衡有余	819.35	784.07	0.80	盈余
立陶宛	中东欧	6660.07	1020.14	0.04	富富有余	4202.64	643.73	0.07	富富有余

续表

国家	地区	考虑外来水				不考虑外来水			
		水资源承载力/万人	水资源承载密度/（人/km²）	水资源承载指数	水资源承载状态	水资源承载力/万人	水资源承载密度/（人/km²）	水资源承载指数	水资源承载状态
马其顿	中东欧	846.57	329.27	0.25	富富有余	714.29	277.83	0.29	富富有余
马来西亚	东南亚	31714.00	958.71	0.10	富富有余	31714.00	958.71	0.10	富富有余
马尔代夫	南亚	180.99	6032.84	0.25	富富有余	180.99	6032.84	0.25	富富有余
摩尔多瓦	中东欧	2516.37	743.39	0.16	富富有余	332.23	98.15	1.23	临界超载
蒙古国	中蒙俄	9506.22	60.78	0.03	富富有余	9506.22	60.78	0.03	富富有余
黑山	中东欧	1592.48	1153.14	0.04	富富有余	1461.65	1058.40	0.04	富富有余
缅甸	东南亚	40880.74	604.18	0.13	富富有余	35104.65	518.82	0.15	富富有余
尼泊尔	南亚	15813.47	1074.43	0.17	富富有余	14910.71	1013.09	0.18	富富有余
阿曼	西亚-中东	299.46	9.68	1.43	临界超载	299.46	9.68	1.43	临界超载
巴基斯坦	南亚	8368.65	105.12	2.38	超载	1864.97	23.43	10.69	严重超载
巴勒斯坦	西亚-中东	702.22	1166.48	0.64	盈余	681.39	1131.88	0.66	盈余
菲律宾	东南亚	15752.42	525.08	0.65	盈余	15752.42	525.08	0.65	盈余
波兰	中东欧	8861.88	283.40	0.43	富富有余	7851.48	251.09	0.48	富富有余
卡塔尔	西亚-中东	183.61	159.80	1.40	临界超载	183.08	159.34	1.40	临界超载
罗马尼亚	中东欧	28406.33	1191.54	0.07	富富有余	5678.32	238.18	0.35	富富有余
俄罗斯	中蒙俄	365003.25	213.47	0.04	富富有余	347787.68	203.41	0.04	富富有余
沙特阿拉伯	西亚-中东	502.12	2.34	6.32	严重超载	502.12	2.34	6.32	严重超载
塞尔维亚	中东欧	13184.72	1492.16	0.07	富富有余	683.38	77.34	1.30	临界超载
新加坡	东南亚	65.80	911.33	8.50	严重超载	65.80	911.33	8.50	严重超载
斯洛伐克	中东欧	18391.85	3751.14	0.03	富富有余	4625.49	943.40	0.12	富富有余
斯洛文尼亚	中东欧	1357.94	669.91	0.15	富富有余	795.50	392.44	0.26	富富有余
斯里兰卡	南亚	2257.56	344.08	0.93	平衡有余	2257.56	344.08	0.93	平衡有余
叙利亚	西亚-中东	621.13	33.54	2.90	严重超载	263.65	14.24	6.83	严重超载
塔吉克斯坦	中亚	771.55	54.57	1.10	临界超载	2234.71	158.06	0.38	富富有余
泰国	东南亚	19987.34	389.53	0.34	富富有余	10230.86	199.39	0.67	盈余
东帝汶	东南亚	205.55	138.23	0.58	盈余	205.55	138.23	0.58	盈余
土耳其	西亚-中东	14520.18	184.89	0.54	盈余	15576.86	198.34	0.50	盈余
土库曼斯坦	中亚	224.79	4.61	2.48	超载	12.75	0.26	43.64	严重超载
乌克兰	中东欧	34720.02	575.26	0.13	富富有余	10914.38	180.84	0.41	富富有余
阿联酋	西亚-中东	397.42	55.82	2.33	超载	397.42	55.82	2.33	超载
乌兹别克斯坦	中亚	1581.93	35.24	1.96	超载	528.93	11.78	5.85	严重超载
越南	东南亚	27637.05	834.38	0.34	富富有余	11235.25	339.20	0.82	平衡有余
也门	西亚-中东	379.51	7.19	6.98	严重超载	379.51	7.19	6.98	严重超载

附表 5　共建国未来水资源承载状况评价表

国家	地区	考虑外来水						不考虑外来水水资源承载力/万人					
		水资源承载力/万人			水资源承载指数			水资源承载力/万人			水资源承载指数		
		2030年	2040年	2050年	2030年	2040年	2050年	2030年	2040年	2050年	2030年	2040年	2050年
阿富汗	南亚	4702	5064	5453	1.06	1.22	1.35	3393	3654	3936	1.47	1.69	1.87
阿尔巴尼亚	中东欧	4662	5643	6832	0.06	0.05	0.04	4152	5027	6085	0.07	0.05	0.04
亚美尼亚	西亚-中东	439	525	628	0.63	0.51	0.41	388	464	555	0.71	0.58	0.46
阿塞拜疆	西亚-中东	2173	2696	3345	0.49	0.41	0.33	509	631	783	2.10	1.74	1.39
巴林	西亚-中东	482	1012	2285	0.33	0.17	0.08	435	950	2202	0.36	0.18	0.08
孟加拉国	南亚	152672	153201	153732	0.12	0.13	0.13	13065	13110	13155	1.41	1.50	1.55
白俄罗斯	中东欧	17509	19651	22056	0.05	0.04	0.04	10281	11540	12952	0.09	0.08	0.07
不丹	南亚	5485	5868	6278	0.01	0.01	0.01	5485	5868	6278	0.01	0.01	0.01
波黑	中东欧	18658	18091	17540	0.02	0.02	0.02	17663	17126	16605	0.02	0.02	0.02
文莱	东南亚	612	1029	1707	0.08	0.05	0.03	612	1029	1707	0.08	0.05	0.03
保加利亚	中东欧	1893	2466	3213	0.33	0.23	0.16	1866	2431	3168	0.34	0.24	0.16
柬埔寨	东南亚	100076	97223	94451	0.02	0.02	0.02	25350	24627	23925	0.07	0.08	0.08
中国	中蒙俄	394393	449794	494905	0.37	0.31	0.27	390599	445468	490145	0.37	0.32	0.27
克罗地亚	中东欧	32040	40065	47227	0.01	0.01	0.01	11449	14317	16876	0.03	0.02	0.02
捷克	中东欧	4419	5869	7798	0.24	0.18	0.14	4419	5869	7798	0.24	0.18	0.14
埃及	西亚-中东	8482	9397	10482	1.47	1.52	1.52	257	356	546	48.40	40.00	29.22
爱沙尼亚	中东欧	622	958	1476	0.21	0.13	0.08	617	951	1465	0.21	0.13	0.08
格鲁吉亚	西亚-中东	6626	7660	8854	0.06	0.05	0.04	6082	7031	8127	0.06	0.05	0.04
匈牙利	中东欧	17495	24390	34002	0.06	0.04	0.03	1010	1408	1964	0.96	0.66	0.45
印度	南亚	186778	202552	219659	0.81	0.79	0.76	141337	153274	166219	1.07	1.05	1.00
印度尼西亚	东南亚	92220	113181	127529	0.32	0.27	0.25	92220	113181	127529	0.32	0.27	0.25
伊朗	西亚-中东	12264	15723	20216	0.76	0.61	0.49	11504	14752	18977	0.81	0.65	0.52
伊拉克	西亚-中东	7570	9860	12851	0.69	0.64	0.58	2969	3871	5055	1.76	1.63	1.46
以色列	西亚-中东	1733	3185	6401	0.58	0.36	0.20	1333	2644	5671	0.76	0.43	0.23
约旦	西亚-中东	1146	1513	2273	1.04	0.89	0.66	966	1335	2097	1.23	1.01	0.71
哈萨克斯坦	中亚	9578	13068	18133	0.22	0.18	0.14	5888	8158	11601	0.36	0.28	0.22
科威特	西亚-中东	850	1922	4594	0.54	0.26	0.11	590	1545	4047	0.77	0.32	0.13
吉尔吉斯斯坦	中亚	1028	1183	1363	0.72	0.71	0.69	2129	2452	2823	0.35	0.34	0.33
老挝	东南亚	11506	12756	14143	0.07	0.07	0.07	6569	7283	8074	0.13	0.13	0.12
拉脱维亚	中东欧	16935	19892	23366	0.01	0.01	0.01	8211	9644	11329	0.02	0.02	0.01
黎巴嫩	西亚-中东	989	1174	1393	0.48	0.40	0.35	1053	1249	1483	0.45	0.38	0.33

续表

国家	地区	考虑外来水						不考虑外来水					
		水资源承载力/万人			水资源承载指数			水资源承载力/万人			水资源承载指数		
		2030年	2040年	2050年	2030年	2040年	2050年	2030年	2040年	2050年	2030年	2040年	2050年
立陶宛	中东欧	10097	14322	20315	0.03	0.02	0.01	6371	9037	12819	0.04	0.03	0.02
马其顿	中东欧	1104	1349	1648	0.19	0.15	0.12	932	1138	1390	0.22	0.18	0.14
马来西亚	东南亚	41738	55568	68172	0.09	0.07	0.06	41738	55568	68172	0.09	0.07	0.06
马尔代夫	南亚	421	628	1040	0.12	0.09	0.05	421	628	1040	0.12	0.09	0.05
摩尔多瓦	中东欧	2723	2772	2822	0.12	0.11	0.11	360	366	373	0.88	0.84	0.81
蒙古国	中蒙俄	9183	8974	8770	0.04	0.05	0.05	9183	8974	8770	0.04	0.05	0.05
黑山	中东欧	1850	2196	2607	0.03	0.03	0.02	1698	2016	2393	0.04	0.03	0.02
缅甸	东南亚	59887	65035	70626	0.09	0.09	0.08	51425	55846	60647	0.11	0.11	0.10
尼泊尔	南亚	21131	21538	21954	0.16	0.16	0.17	19925	20309	20700	0.17	0.17	0.18
阿曼	西亚-中东	692	1184	2249	0.73	0.48	0.28	692	1184	2249	0.73	0.48	0.28
巴基斯坦	南亚	12553	14932	17761	2.16	2.14	2.06	2798	3328	3958	9.71	9.62	9.24
巴勒斯坦	西亚-中东	688	638	592	0.90	1.18	1.49	668	620	575	0.93	1.21	1.53
菲律宾	东南亚	21406	26807	33571	0.60	0.54	0.47	21406	26807	33571	0.60	0.54	0.47
波兰	中东欧	12038	15570	19940	0.32	0.24	0.18	10666	13798	17674	0.36	0.27	0.20
卡塔尔	西亚-中东	1172	2869	7472	0.24	0.11	0.04	1171	2867	7469	0.24	0.11	0.04
罗马尼亚	中东欧	36845	44310	53288	0.05	0.04	0.03	7365	8857	10652	0.26	0.21	0.16
俄罗斯	中蒙俄	494899	606266	742694	0.03	0.02	0.02	471557	577671	707664	0.03	0.02	0.02
沙特阿拉伯	西亚-中东	1805	3476	7215	2.23	1.29	0.67	1805	3476	7215	2.23	1.29	0.67
塞尔维亚	中东欧	16951	20270	24240	0.04	0.03	0.02	879	1051	1256	0.78	0.60	0.46
新加坡	东南亚	89	203	494	7.01	3.15	1.28	89	203	494	7.01	3.15	1.28
斯洛伐克	中东欧	23313	29180	36522	0.02	0.02	0.01	5863	7339	9185	0.09	0.07	0.06
斯洛文尼亚	中东欧	1933	3144	5112	0.11	0.07	0.04	1132	1842	2995	0.19	0.11	0.07
斯里兰卡	南亚	2660	2968	3311	0.83	0.75	0.66	2660	2968	3311	0.83	0.75	0.66
叙利亚	西亚-中东	578	720	896	5.10	4.85	4.26	245	305	381	12.01	11.43	10.03
塔吉克斯坦	中亚	1008	1147	1304	1.12	1.16	1.16	2920	3321	3778	0.39	0.40	0.40
泰国	东南亚	29585	38338	49680	0.24	0.19	0.14	15143	19624	25430	0.48	0.36	0.27
东帝汶	东南亚	326	380	442	0.46	0.44	0.41	326	380	442	0.46	0.44	0.41
土耳其	西亚-中东	24367	32379	43038	0.36	0.29	0.22	26140	34734	46167	0.34	0.27	0.21
土库曼斯坦	中亚	468	698	1040	1.49	1.10	0.79	27	40	59	26.35	19.36	13.97
乌克兰	中东欧	39145	41838	44716	0.10	0.09	0.07	12305	13152	14057	0.31	0.27	0.23
阿联酋	西亚-中东	2501	5906	14718	0.40	0.18	0.08	2501	5906	14718	0.40	0.18	0.08
乌兹别克斯坦	中亚	2431	2839	3316	1.57	1.47	1.37	813	949	1109	4.69	4.41	4.10
越南	东南亚	35996	42029	49073	0.28	0.25	0.22	14633	17086	19950	0.70	0.62	0.54
也门	西亚-中东	413	453	519	9.57	10.46	10.60	413	453	519	9.57	10.46	10.60